面向数字化时代高等学校计算机系列教材

数据结构与算法
Python语言版

耿祥义 张跃平 主编

清华大学出版社
北京

内 容 简 介

本书面向有一定 Python 语言基础的读者，重点讲解数据结构和相关算法以及经典算法思想。全书共 14 章，分别是数据结构概述、算法复杂度、递归算法、数组、列表、栈、队列、二叉树、散列结构、集合、链表、Python 的实用算法、图论和经典算法思想。本书不仅注重讲解每种数据结构的特点，还特别注重结合例子讲解如何正确地使用每种数据结构和相关的算法，强调正确地使用相应的数据结构和算法来解决问题。书中精选了一些经典和实用性强的算法思想，并通过解决一些经典的问题来体现这些算法思想的精髓。本书特别注重体现 Python 的特色，除前 3 章以外，其余各章的大部分代码都体现了 Python 的特色和优势。

本书可作为高等院校计算机相关专业"数据结构与算法"课程教材，也可作为软件开发等专业人员的参考用书。

版权所有，侵权必究。举报：010-62782989，beiqinquan@tup.tsinghua.edu.cn。

图书在版编目（CIP）数据

数据结构与算法：Python 语言版/耿祥义，张跃平主编. -- 北京：清华大学出版社，2025.4.
（面向数字化时代高等学校计算机系列教材）. -- ISBN 978-7-302-68745-0
Ⅰ. TP311.12；TP312.8
中国国家版本馆 CIP 数据核字第 2025PN9193 号

策划编辑：魏江江
责任编辑：王冰飞　薛　阳
封面设计：刘　键
责任校对：申晓焕
责任印制：沈　露

出版发行：清华大学出版社
　　　网　　址：https://www.tup.com.cn，https://www.wqxuetang.com
　　　地　　址：北京清华大学学研大厦 A 座　　　邮　　编：100084
　　　社　总　机：010-83470000　　　邮　　购：010-62786544
　　　投稿与读者服务：010-62776969，c-service@tup.tsinghua.edu.cn
　　　质量反馈：010-62772015，zhiliang@tup.tsinghua.edu.cn
　　　课件下载：https://www.tup.com.cn，010-83470236
印 装 者：三河市人民印务有限公司
经　　销：全国新华书店
开　　本：185mm×260mm　　　印　张：12.25　　　字　数：314 千字
版　　次：2025 年 5 月第 1 版　　　印　次：2025 年 5 月第 1 次印刷
印　　数：1～1500
定　　价：49.80 元

产品编号：107862-01

前言

党的二十大报告指出：教育、科技、人才是全面建设社会主义现代化国家的基础性、战略性支撑。必须坚持科技是第一生产力、人才是第一资源、创新是第一动力，深入实施科教兴国战略、人才强国战略、创新驱动发展战略，开辟发展新领域新赛道，不断塑造发展新动能新优势。高等教育与经济社会发展紧密相连，对促进就业创业、助力经济社会发展、增进人民福祉具有重要意义。

数据结构和算法是计算机科学的核心领域，是计算机程序的基础。能否正确、恰当地使用数据结构和相应的算法决定了程序的性能和效率。"数据结构与算法"一直是计算机科学与技术、软件工程等专业的一门重要的必修课程。

本书面向有一定 Python 语言基础的读者，重点讲解重要的数据结构和相关算法以及重要的基础算法和经典算法思想。全书共 14 章，分别是数据结构概述、算法复杂度、递归算法、数组、列表、栈、队列、二叉树、散列结构、集合、链表、Python 的实用算法、图论和经典算法思想。

本书的主要特色有以下 4 点。

1. 注重夯实基础

注重讲解每种数据结构的特点，并结合例子讲解如何正确使用相应的数据结构和算法，特别强调分析基础算法的特点，以便读者通透理解和正确使用这些基础算法。

2. 关注实用性

数据结构和算法与计算机科学紧密关联，常应用于解决现实中的问题，本书注重结合一些经典问题和某些实际问题，使读者在学习数据结构和算法后能加深对实际问题的理解，并提高解决某些实际问题的能力。

3. 强调培养能力

本书强调"数据结构和算法"课程的重要性和意义不仅在于学习数据结构和算法本身，而且在于注重训练、提高学习者的编程能力。本书精选了一些经典和实用性强的算法思想，并结合一些经典问题来体现这些算法思想的精髓，有利于帮助读者掌握如何设计和实现高效、优秀的算法。

4. 体现语言特色

本书特别注重体现 Python 语言的特色，除前 3 章以外，其余各章的大部分代码都体现了 Python 的特色和 Python 在算法实现方面的优势。全书提供了 106 个例子、130 道判断题、65 道选择题、47 道编程题（附有习题解答），例子都是完整代码，有详细的解释和注释，都是可以运行的，同时也给出了运行效果图，这非常有利于读者理解代码、提高编程能力。

本书以中国美丽的二十四节气开始，以经典的八皇后问题结束。书中的全部示例由作者编写，在 Python 3.11.5 环境下调试完成。本书示例代码及相关内容仅供学习使用，不得以任何方式抄袭出版。

　　为便于教学，本书提供丰富的配套资源，包括教学大纲、教学课件、电子教案、程序源码、在线作业和习题答案。

> **资源下载提示**
>
> **课件等资源**：扫描封底的"图书资源"二维码，在公众号"书圈"下载。
>
> **素材（源码）等资源**：扫描目录上方的二维码下载。
>
> **在线自测题**：扫描封底的作业系统二维码，再扫描自测题二维码，可以在线做题及查看答案。

　　希望本书对读者学习数据结构和算法有所帮助，并恳请读者批评指正。

编　者
2025 年 3 月

目录

第 1 章 数据结构概述

1.1 逻辑结构 ··· 1
1.2 物理结构 ··· 6
1.3 算法与结构 ··· 6
1.4 Python 版本 ··· 7
习题 1 ··· 8

第 2 章 算法复杂度

2.1 算法 ·· 9
2.2 算法的复杂度 ·· 9
2.3 常见的复杂度 ·· 11
习题 2 ··· 22

第 3 章 递归算法

3.1 递归算法简介 ·· 23
3.2 线性与非线性递归 ··· 24
　　3.2.1 线性递归 ·· 24
　　3.2.2 非线性递归 ·· 26
3.3 问题与子问题 ··· 27
3.4 递归与迭代 ··· 29
3.5 多重递归 ··· 32
3.6 经典递归 ··· 33
　　3.6.1 杨辉三角形 ·· 33
　　3.6.2 老鼠走迷宫 ·· 35
　　3.6.3 汉诺塔 ··· 37
3.7 优化递归 ··· 41
习题 3 ··· 43

第 4 章　数组

4.1　顺序表的特点 …… 44
4.2　array 类 …… 45
4.3　数组与围圈留一问题 …… 48
4.4　数组与参数存值 …… 48
4.5　数组与稳定排序 …… 50
4.6　二分法与数组 …… 52
4.7　数组的相等 …… 53
4.8　数组与洗牌 …… 54
习题 4 …… 56

第 5 章　列表

5.1　Python 中的列表 …… 57
5.2　列表与排序 …… 60
5.3　列表与随机布雷 …… 61
5.4　列表与随机数 …… 62
5.5　列表与筛选法 …… 62
5.6　列表与全排列 …… 64
5.7　列表与组合 …… 68
5.8　列表与生命游戏 …… 72
5.9　列表的公共子列表 …… 74
5.10　列表与堆 …… 76
习题 5 …… 78

第 6 章　栈

6.1　栈的特点 …… 79
6.2　列表担当栈角色 …… 80
6.3　栈与递归 …… 80
6.4　栈与括号匹配 …… 81
6.5　栈与深度优先搜索 …… 82
6.6　栈与后缀表达式 …… 84
6.7　栈与 undo 操作 …… 88
习题 6 …… 89

第 7 章　队列

7.1　队列的特点 …… 90

7.2　队列的创建与独特方法 …………………………………… 91
7.3　队列与回文串 …………………………………………… 92
7.4　队列与加密解密 ………………………………………… 93
7.5　队列与约瑟夫问题 ……………………………………… 94
7.6　队列与广度优先搜索 …………………………………… 95
7.7　优先队列 ………………………………………………… 96
7.8　队列与排队 ……………………………………………… 97
7.9　队列与筛选法 …………………………………………… 98
习题 7 …………………………………………………………… 99

第 8 章　二叉树

8.1　二叉树的基本概念 ……………………………………… 100
8.2　遍历二叉树 ……………………………………………… 101
8.3　二叉树的存储 …………………………………………… 102
8.4　平衡二叉树 ……………………………………………… 104
8.5　二叉查询树和平衡二叉查询树 ………………………… 104
8.6　SortedSet 有序集 ……………………………………… 108
8.7　有序集的基本操作 ……………………………………… 110
8.8　有序集与数据统计 ……………………………………… 113
习题 8 …………………………………………………………… 114

第 9 章　散列结构

9.1　散列结构的特点 ………………………………………… 115
9.2　简单的散列函数 ………………………………………… 117
9.3　创建字典 ………………………………………………… 118
9.4　字典与字符、单词频率 ………………………………… 120
9.5　字典与数据缓存 ………………………………………… 121
9.6　OrderedDict 类 ………………………………………… 122
9.7　对象作为关键字 ………………………………………… 123
习题 9 …………………………………………………………… 124

第 10 章　集合

10.1　集合的特点 ……………………………………………… 125
10.2　set 类 …………………………………………………… 126
10.3　集合的基本操作 ………………………………………… 127
10.4　集合与数据过滤 ………………………………………… 128
10.5　集合与获得随机数 ……………………………………… 129

10.6 集合与对象 ………………………………………………………………… 129
习题 10 …………………………………………………………………………… 130

第 11 章　链表

11.1 链表的特点 ………………………………………………………………… 131
11.2 单链表 ……………………………………………………………………… 134
11.3 双链表 ……………………………………………………………………… 136
11.4 链式栈 ……………………………………………………………………… 140
习题 11 …………………………………………………………………………… 141

第 12 章　Python 的实用算法

12.1 Lambda 表达式 …………………………………………………………… 142
12.2 动态遍历 …………………………………………………………………… 143
12.3 计算代数和与平均值 ……………………………………………………… 144
12.4 统计次数与计算最大、最小值 …………………………………………… 144
12.5 反转 ………………………………………………………………………… 145
12.6 累积计算 …………………………………………………………………… 146
12.7 装饰函数 …………………………………………………………………… 146
12.8 函数缓存 …………………………………………………………………… 148
12.9 偏函数 ……………………………………………………………………… 148
12.10 过滤数据 ………………………………………………………………… 149
12.11 映射数据 ………………………………………………………………… 150
12.12 缝合数据 ………………………………………………………………… 150
12.13 快速选择函数 …………………………………………………………… 151
12.14 索引排序函数 …………………………………………………………… 152
12.15 依次排序函数 …………………………………………………………… 154
12.16 NumPy 实用函数集锦 …………………………………………………… 154
习题 12 …………………………………………………………………………… 157

第 13 章　图论

13.1 无向图 ……………………………………………………………………… 158
13.2 有向图 ……………………………………………………………………… 159
13.3 网络 ………………………………………………………………………… 160
13.4 图的存储 …………………………………………………………………… 161
13.5 图的遍历 …………………………………………………………………… 163
13.6 测试连通图 ………………………………………………………………… 166
13.7 最短路径 …………………………………………………………………… 167

13.8	最小生成树	171
习题 13		173

第14章 经典算法思想

14.1	贪心算法	174
14.2	动态规划	176
14.3	回溯算法	178
习题 14		179

附录 A 重载关系方法和字符串 … 180

A.1	重载关系方法	180
A.2	字符串	181
A.3	常用的循环	182

参考文献 … 183

第 1 章　数据结构概述

本章主要内容
- 逻辑结构；
- 物理结构；
- 算法与结构；
- Python 版本。

数据结构涉及数据的逻辑结构、物理结构(也称存储结构)以及相应的算法。本章简单介绍数据结构的相关知识点，后续章节会在逻辑结构、物理结构以及相应的算法方面有更多、更深入的学习和讨论。

本章为了后续知识点的需要，用节点(线性结构)、结点(树状结构)、顶点(图)或元素(集合)表示一种数据。一个节点(结点、顶点、元素)里可以包含具体的数据，比如整数或 str 对象等。本章简要介绍有限多个节点(结点,顶点,元素)可以形成的逻辑结构以及存储结构，暂不涉及与其结构有关的算法。

1.1　逻辑结构

逻辑结构是指有限多个节点(结点,顶点,元素)之间的逻辑关系，不涉及节点(结点,顶点,元素)在计算机中的存储位置。逻辑结构主要有线性结构、树状结构、图结构和集合四种。以下分四部分介绍这四种逻辑结构。

1. 线性结构

在实际生活中，大家经常遇到具有线性结构的一组数据，例如，中国农历的二十四节气就是具有线性结构的一组数据：立春、雨水、惊蛰、春分、清明、谷雨、立夏、小满、芒种、夏至、小暑、大暑、立秋、处暑、白露、秋分、寒露、霜降、立冬、小雪、大雪、冬至、小寒、大寒。

其特点如下。

(1) 二十四节气的第一个节气是立春(也称头节气)，最后一个节气是大寒(也称尾节气)。人们常说"一年之计在于春，一日之计在于晨"，即立春节气是一年四季的第 1 个节气，意指农耕从春季开始，并强调了立春节气在一年四季中所占的重要位置。不能说立春的前一个节气或上一个节气是大寒，因为立春节气是当前四季的第一个节气。人们也常说"大寒到极点，日后天渐暖"，意思是大寒节气是一年四季的最后一个节气。不能说大寒节气的后一个节气或下一个节气是立春节气，因为大寒节气是本四季的最后一个节气。

(2) 除了立春节气和大寒节气(除了头节气和尾节气)，其他每个节气有且只有一个前驱节气和后继节气，例如，雨水节气的后继节气是惊蛰节气、前驱节气是立春节气。

有限多个节点 $a_0, a_1, \cdots, a_{n-1}$ 形成了线性结构($n \geqslant 2$)，线性结构规定了节点之间的"前后"关系：规定 a_i 是 a_{i+1} 的前驱节点，a_{i+1} 是 a_i 的后继节点($0 \leqslant i < n-1$)；规定 a_0 只有后继节点且没有前驱节点，称作头节点；规定 a_{n-1} 只有前驱节点且没有后继节点，称作尾节点。

如果 n 个节点 $a_0, a_1, \cdots, a_{n-1}$ 形成了线性结构,可以简单记作:

$$a_0 a_1 \cdots a_{n-1}$$

其中,a_0 是头节点,a_{n-1} 是尾节点。例如,7 个节点的线性结构:$a_0 a_1 a_2 a_3 a_4 a_5 a_6$,如果这 7 个节点依次包含的数据是下列字符序列:

星期一,星期二,星期三,星期四,星期五,星期六,星期日

那么这些字符序列之间就形成了线性结构,该线性结构符合中国人的习惯,因为中国人认为一个星期有 7 天,这 7 天的第一天是星期一,最后一天是星期日。

如果 7 个节点中依次包含的数据是下列字符序列:

Sunday, Monday, Tuesday, Wednesday, Thursday, Friday, Saturday

那么这些字符序列之间就形成了一个线性结构,该线性结构符合美国人的习惯,因为美国人认为一个星期有 7 天,这 7 天的第一天是 Sunday,最后一天是 Saturday。

再如,5 个节点的线性结构:$a_0 a_1 a_2 a_3 a_4$,如果这 5 个节点依次包含的数据是以下正整数:

1,2,3,1,5

那么这 5 个数就形成了线性结构:

12315

习惯上读成一万两千三百一十五。

如果这 5 个节点依次包含的数据是以下正整数:

5,2,8,8,9

那么这 5 个数就形成了线性结构:

52889

习惯上读成五万两千八百八十九。

我们可以用数学方式准确地描述数据的结构。将有限多个节点记作一个集合,比如集合 A。称 $A \times A$(集合 A 的笛卡儿乘积)的一个子集为 A 上的一个关系。如果取 $A \times A$ 的某个子集,例如 R,作为集合 A 上的一个关系,那么集合 A 的元素之间就有了关系 R,称 R 是 A 的节点的逻辑结构,或 A 用 R 作为自己的逻辑结构,记作 (A, R)。

集合 A 的节点个数大于或等于 2,如果 A 中的节点 a, b 满足 $(a, b) \in R$,称 a 和 b 满足关系 R,简称 a 和 b 有 R 关系。

对于集合 A,当 R 满足下列 3 个条件时,称 R 是 A 上的线性关系。R 是线性关系时,如果 a 和 b 满足关系 R,称 a 是 b 的前驱节点,b 是 a 的后继节点。

(1) A 中有且只有一个节点,例如 p 有唯一的后继节点,并且没有前驱节点,称这个节点 p 是头节点。即对于头节点 p,A 中存在唯一的一个其他节点 t,使得 $(p, t) \in R$,并且对于 A 中任何一个节点 t,$(t, p) \notin R$。

(2) A 中有且只有一个尾节点,比如 q 只有唯一的一个前驱节点,并且没有后继节点,称这个节点 q 是尾节点。即对于尾节点 q,A 中存在唯一的一个其他节点 t,使得 $(t, q) \in R$,并且对于 A 中任何一个节点 t,$(q, t) \notin R$。

(3) A 中不是头节点的节点 a 有唯一的一个前驱节点,即 A 中存在唯一的其他节点 t,使得 $(t, a) \in R$。A 中不是尾节点的节点 a 有唯一的一个后继节点,即 A 中存在唯一的一个其他节点 t,使得 $(a, t) \in R$。

集合 A 使用线性关系 R 作为自己上的一种关系,记作 $L=(A,R)$。由于 R 是线性关系,所以称 A 中的节点具有线性结构,也称 L 是一个线性表(习惯用符号 L 表示线性表),或简称 A 是一个线性表。通常用序列表示一个线性表(一目了然),例如,对于有限多个节点的线性表 A,可如下示意其线性结构:

$$a_0 a_1 a_2 \cdots a_{n-1}$$

其中,a_0 是头节点,a_{n-1} 是尾节点。

线性结构 $L=(A,R)$(线性表)属于简单的结构,特点是,除了头节点,每个节点有且只有一个前驱节点,除了尾节点,每个节点有且只有一个后继节点。线性表就像线段中的有限多个点(离散点),线段的左端点是头,右端点是尾。

注意:在描述线性结构时使用"节点"或"结点"一词都不影响理解或学习(尽管英语中都是用 node),这里之所以采用"节点",主要是因为汉字的"节"字能够形象地描述线性结构,例如鱼贯而过的节节车厢、雨后竹笋节节高。

关于线性结构的算法会在第 4～7 章讲解。

2. 树状结构

在实际生活中,经常遇到具有树状结构的一组数据,例如,某小学的五年级共有 3 个班级,1 班、2 班和 3 班。1 班进行了分组,分成 1 组和 2 组。2 班进行了分队,分成 1 队和 2 队。3 班没有分组或分队。其示意图如图 1.1 所示。

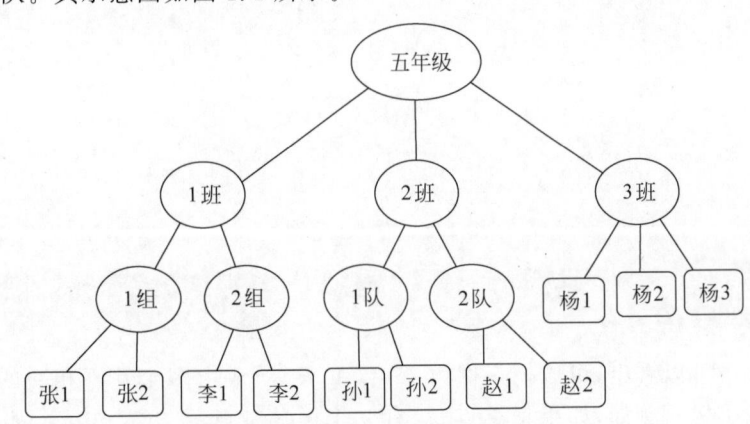

图 1.1 五年级的树状结构

在五年级的结构中,使用结点一词描述其特点,具体如下。

(1) 根结点:称五年级是根结点。

(2) 子结点:1 班、2 班和 3 班为根结点的子结点。1 组、2 组为 1 班的子结点;1 队、2 队为 2 班的子结点;杨 1、杨 2、杨 3 为 3 班的子结点。张 1、张 2 为 1 组的子结点;李 1、李 2 为 2 组的子结点;孙 1、孙 2 为 1 队的子结点;赵 1、赵 2 为 2 队的子结点。

(3) 父结点:根结点是 1 班、2 班、3 班的父结点。1 班是 1 组、2 组的父结点;2 班是 1 队、2 队的父结点;3 班是杨 1、杨 2、杨 3 的父结点。1 组是张 1、张 2 的父结点;2 组是李 1、李 2 的父结点。1 队是孙 1、孙 2 的父结点;2 队是赵 1、赵 2 的父结点。

(4) 叶结点:张 1、张 2、李 1、李 2、孙 1、孙 2、杨 1、杨 2、杨 3 是叶结点。

以下给出树结构的定义。

对于集合 A,当 R 满足下列条件时,称 R 是 A 上的树关系。R 是集合 A 上的一个树关系时,如果 a 和 b 满足关系 R,即 $(a,b) \in R$,称 a 是 b 的父结点,b 是 a 的子结点。

（1）A 中有且只有一个结点没有父结点，称这个结点是根结点，即存在唯一的一个结点 r，使得 A 中任何一个其他结点 a，都有 $(a,r) \notin R$，称 r 为根结点。r 可以有多个子结点或没有任何子结点。

（2）除了根结点 r，A 中的其他结点有且只有一个父结点，但可以有多个子结点或没有任何子结点。

称没有子结点的结点为叶结点。称一个结点的子结点的子结点为该结点的子孙结点。

集合 A 使用树关系 R 作为自己上的一个关系，用符号 T 表示，记作 $T=(A,R)$，即 R 是 A 的结点的逻辑结构，由于 R 是树关系，所以称 A 中的结点具有树状结构，称 T 是一棵树，或简称 A 是一棵树。经常用倒置的树状示意一棵树（一目了然），例如，对于

$$T=(A,R)$$

有：

$$A=\{a_0,a_1,a_2,a_3,a_4,a_5,a_6 a_7,a_8\}$$
$$R=\{(a_0,a_1),(a_0,a_2),(a_1,a_3),(a_1,a_4),(a_2,a_5),(a_2,a_6),(a_3,a_7),(a_6,a_8)\}$$

其中，a_0 是根结点，a_4、a_5、a_7 和 a_8 是叶结点。如果结点 a_0、a_1、a_3、a_4、a_6、a_7、a_8 包含的数据依次是 5、3、7、2、4、6、8、1、9，那么树状示意如图 1.2 所示。

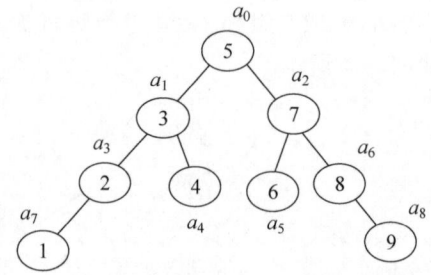

图 1.2　树状示意图

注意：在示意树结构时，为了强调一个结点是叶结点，用矩形示意一个叶结点（如图 1.1 所示），但不是必须这样。

从树的定义中可以看出，可以把一棵树 $T=(A,R)$ 看成由多个互不相交的树构成，称这些树为当前树的子树。例如，如果根结点 a_0 有 n 个子孙结点 $a_1,a_2,\cdots,a_n$，那么 $a_i(1 \leqslant i \leqslant n)$ 和 a_i 的所有子孙结点构成的集合 A_i 仍然是一个树结构，记作 $T_i=(A_i,R_i)$，其中关系集合 R_i 是从关系集合 R 中裁剪出来的一个 R 的子集。同样，每个 T_i 也是由多个互不相交的子树构成的。

如果树的每个结点至多有两个子结点，称这种树是二叉树。在算法中经常使用二叉树，例如，图 1.2 所示的就是一棵二叉查询树，特点是每个结点上的值都大于它的左子树上的结点的值，并小于或等于右子树上的结点的值。如果随机得到一个 1~9 的数 m，然后猜测这个 m 是哪一个数，那么首先猜 m 是上面的二叉树的根结点中的数，如果猜测错误，并告知你猜测的数大于根结点中的数，那就继续猜测这个数是当前结点的右子结点，如果告知你猜测的数小于根结点中的数，那就继续猜测这个数是当前结点的左子结点，以此类推，就可以较快地猜测到这个数。

树结构通常是非线性结构（属于比较复杂的一种结构），极端情况可退化为线性结构，例如，当每个非叶结点都有且只有一个子结点时就退化为线性结构。树结构的特点是，根结点没有父结点，非根、非叶结点有且只有一个父结点，但有一个或多个子结点，叶结点有且只有一个

父结点,但没有子结点。根据树结构的这个特点,可以把树的结点按层次分类,从根开始定义,根为第 0 层,根的子结点为第 1 层,以此类推。每一层(除了第 0 层)上的结点只能和上一层中的一个结点有关系,但可能和下一层的 0 个或多个结点有关系。

另外,一棵树也可以仅仅只有一个根结点,再无其他任何结点。说一个空集合是一棵树也是正确的,这样的树称为空树。

> **注意**:描述树状结构时使用"节点"或"结点"都不影响理解或学习(尽管英语中都是用 node),这里之所以使用"结点",主要是汉字的"结"字能够形象地描述树状结构,例如,一棵苹果树上有不少分枝,分枝上结了很多苹果。另外,结点也有交叉点的意思。

关于二叉树的更多的术语和算法,会在第 8 章讲解。

3. 图结构

在实际生活中,大家经常遇到具有图结构的一组数据,例如,用钢筋焊接的平面架中的焊点 a,b,c,d,e,如图 1.3 所示。

把图 1.3 中的焊点 a、b、c、d、e 称作顶点(Vertex),将这些顶点组成的集合记作 V,集合 V 是所要描述的数据。图结构是比线性结构和树结构更复杂的结构,在图结构中,顶点之间不再是前驱或后继关系,也不是父子关系,而是"边"的关系。对于图 1.3 这种用钢筋焊接起来的平面架,用图结构的术语描述如下。

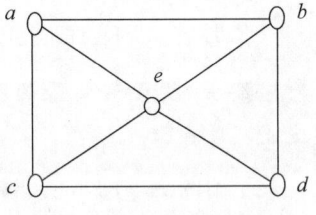

图 1.3 焊点形成的图结构

(1) 集合 V 由 5 个顶点 a、b、c、d 和 e 构成。

(2) 一个顶点可以和 0 个或多个其他顶点用边建立联系,例如顶点 a 用边 ab 和顶点 b 建立联系,把这个边记作 (a,b)。在这个图结构中,人们规定 (a,b) 和 (b,a) 是一样的边(都代表同一根钢筋),即 (a,b) 和 (b,a) 都是没有方向的"标量"边,这样的图结构称作无向图(否则称为有向图,见稍后的图结构的定义)。

可以将边集合记作 E(Edge 单词的首字母),例如,图 1.3 中的边集合是

$$E=\{(a,b),(a,c),(a,e),(b,e),(b,d),(d,e),(d,c),(e,c)\}$$

集合 E 中共有 8 条边。

对于无向图,如果 $(a,b) \in E$,那么默认 $(b,a) \in E$,因此不必再显式地将 (b,a) 写在 E 中。

下面给出图结构的定义。

对于由有限多个顶点构成的集合 V,当 $V \times V$ 的子集 E 满足下列条件时,称 E 是 V 上的图关系,记作 $G=(V,E)$。当 E 是集合 V 上的一个图关系时,如果顶点 a 和顶点 b 满足关系 E,即 $(a,b) \in E$,称 (a,b) 是一条边。

(1) V 的顶点里,不能有自己到自己的边,即对任何顶点 v,(v,v) 不属于 E。

(2) 对于 V 中一个顶点 v,v 可以和其他任何顶点之间没有边,即对于任何顶点 a,(a,v) 和 (v,a) 都不属于 E,也可以和其他一个或多个顶点之间有边。即存在多个顶点 $a_1,a_2,\cdots,a_m$ 和 $b_1,b_2,\cdots,b_n$ 使得 $(v,a_1),(v,a_2),\cdots,(v,a_m)$ 属于 E,以及 $(b_1,v),(b_2,v),\cdots,(b_n,v)$ 属于 E。

对于 $G=(V,E)$,如果 (a,b) 是边,那么默认 (b,a) 也就是边,并规定 (a,b) 边等于 (b,a) 边,这样规定的 $G=(V,E)$ 是无向图,简称 V 是无向图,即无向图的边是没有方向的。

如果 (a,b),(b,a) 都是边,并规定 (a,b) 边不等于 (b,a) 边,这样规定的 $G=(V,E)$ 是有向图,简称 V 是有向图,即有向图的边是有方向的。

在图的结构中,有时会赋给边一个权值(也称权重),称这样的图为一个网络。例如在图 1.3 所示的无向图中,可以将钢筋的重量或长度作为边的权值。

我们经常用直线或弧绘制顶点之间的边来表示图,如果是有向图,边的终点用方向箭头表示(一目了然)。例如,4 个顶点的有向图 $G=(V,E)$:

$$V=\{v_0,v_1,v_2,v_3\}$$

$$E=\{(v_0,v_1),(v_0,v_2),(v_0,v_3),(v_1,v_0),(v_1,v_2),(v_1,v_3),(v_2,v_0),\\(v_2,v_1),(v_2,v_3),(v_3,v_0),(v_3,v_1),(v_3,v_2)\}$$

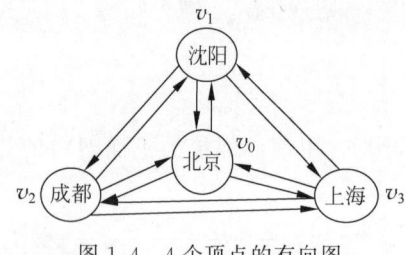

图 1.4　4 个顶点的有向图

如果有向图 $G=(V,E)$ 的 4 个顶点中存放的是 4 个城市的名字,例如分别是北京、沈阳、成都和上海,那么这 4 个城市就形成了一个有向图,如图 1.4 所示。其中这 4 个城市之间的高速公路可以对应边集合 E 中的边,因为高速公路是有方向的(双向高速公路)。可以给 $G=(V,E)$ 的边赋予权值,使之成为一个有向网络,例如,边的权值可以是高速费或路长,或二者的组合。

注意:树是一种特殊的图。描述图结构时应使用"顶点"一词,因为图论是数学的一个经典分支,"顶点(vertex)"一词是图论里的原始用词。

关于图的更多的术语和算法会在第 13 章讲解。

4. 集合

集合 A 中的元素除了同属一个集合外,无其他任何关系,即关系集合是空集合,可表示为 $(A,\varnothing)$($\varnothing$ 是 $A\times A$ 的空子集)。

关于集合的更多的术语和算法会在第 10 章讲解。

1.2　物理结构

通过前面的学习大家已经知道,节点(结点,顶点,元素)构成的集合 A,数据的逻辑结构是指 A 的节点(结点,顶点,元素)之间的关系 R(R 是 $A\times A$ 的子集),称 R 是 A 的节点(结点,顶点,元素)的逻辑结构,记作 (A,R),人们习惯称 A 的节点(结点,顶点,元素)按照关系 R 形成了一种逻辑结构,比如线性结构,树状结构,图结构等,即 A 是具有结构的集合。

对于 (A,R),计算机程序在存储空间中存放集合 A 的节点(结点,顶点,元素)的形式,称为 A 的节点(结点,顶点,元素)的物理结构,也称为 A 的存储结构。对于具有某种逻辑结构的集合,其节点(结点,顶点,元素)的存储可以对应不同的存储结构(根据需要而定),比如,对于一个线性表,可根据需要采用顺序存储(节点的物理地址是依次相邻的)或链式存储(节点的物理地址不必是相邻的)。常用的存储结构有顺序存储、链式存储和哈希存储等,有关细节见第 4~11 章。

1.3　算法与结构

在后续的章节,大家会注意到算法的设计取决于数据的逻辑结构,而算法的实现依赖于数据的存储结构。一个实施于集合上的算法,在其执行完毕后,必须保持集合的逻辑结构不变,比如,对于线性表,实施了增加或删除节点的操作后,要保证新的节点构成的集合仍然是线性结构，否则算法必须对当前的线性表的节点进行调整，使得当前线性表在逻辑上仍然是一个线性结构。再比如，对于平衡二叉树，实施了增加或删除节点的操作后，要保证新的结点构成的集合仍然是平衡二叉树，否则算法必须对当前的集合的节点进行调整，使得当前集合在逻辑上仍然是一棵平衡二叉树。算法与结构的有关细节见第 4～11 章。

1.4　Python 版本

本书使用的是 Python 3.11.5。为调试代码方便，每章的例子的代码均保存在一个各自独立的目录中（例如第 2 章的例 2-1 的代码按 utf-8 编码保存在"ch2\例 2-1"目录中），并采用命令行方式运行 Python 程序。需要根据 Python 的安装目录设置，在系统环境中添加 python.exe 所在的目录为环境变量 path 的一个值。

对于 Windows 10 系统，右击"我的电脑"→"计算机"，在弹出的快捷菜单中选择"属性"命令，弹出"系统"对话框，再单击该对话框中的"高级系统设置"→"高级选项"，然后单击"环境变量"按钮，弹出"环境变量"对话框，在该对话框中的"系统变量"中找到 path，单击"编辑"按钮，弹出"编辑系统变量"对话框（如图 1.5 所示），在该对话框中编辑 path 的值：单击右侧的"新建"按钮，并在左边的列表里为 path 添加新的值 C:\Users\gengx\AppData\Local\Programs\Python\Python311（如图 1.5 所示）。建议将新添加的值移动到列表的最上方。如果计算机中安装了多个 Python 版本，那么默认使用列表中最上方给出的版本。

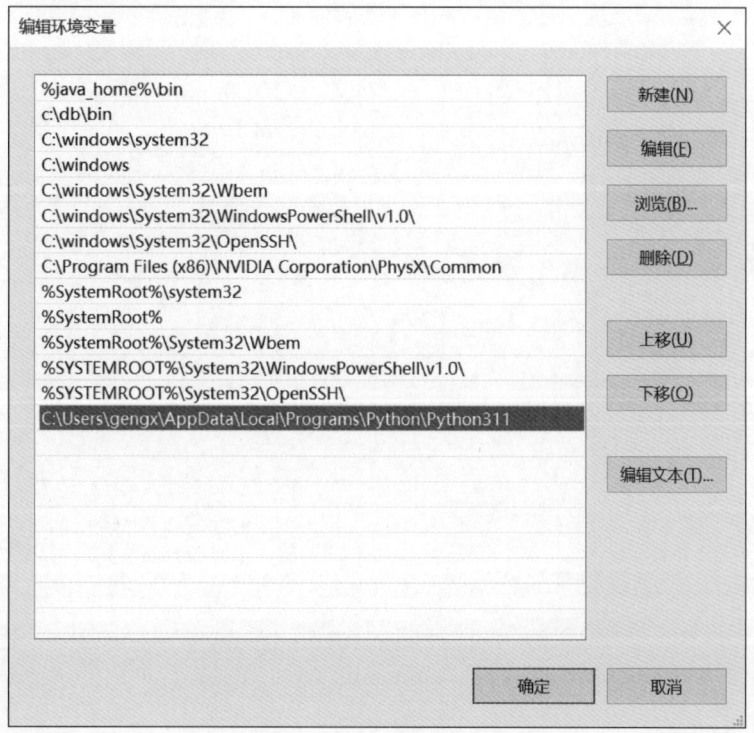

图 1.5　编辑环境变量 path

也可以根据本机 Python 的安装路径在命令行窗口临时设置 path 的值，例如在命令行窗口输入下列内容按 Enter 键确认即可：

path C:\Users\gengx\AppData\Local\Programs\Python\Python311;%path%

习题 1

扫一扫

习题

扫一扫

自测题

第 2 章　算法复杂度

本章主要内容
- 算法；
- 算法的复杂度；
- 常见的复杂度。

本章通过讲解常见的复杂度，介绍计算算法时间复杂度和空间复杂度的基本方法。

为了方便调试代码，本章的例子各自存放在一个单独的目录中，例如，例 2-5 按 utf-8 编码保存在"C:\ch2\例子 5"中。通常用 ALG.py 文件存放例子用到的函数（ALG 是 algorithm 的缩写）。

2.1　算法

经典算法教材《算法导论》认为：算法（algorithm）就是一个正确的计算过程，该过程取某个值或值的集合作为输入并产生某个值或值的集合作为输出。简单来说，算法就是把输入转换成输出的一系列计算步骤。

这里不探讨算法的形式定义，而是把 Python 语言中定义的函数看成一个算法，那么算法具有如下特性。

（1）确切性：算法由语句组成，每个语句的功能是确切的。

（2）输入数据：可以向算法输入多个或 0 个数据（函数可以有参数或无参数），即算法可以接受或不接受外部数据。

（3）输出数据：算法可以给出明确的计算结果（函数的返回值）或输出若干数据到客户端以反映算法产生的效果。

（4）可行性：算法可以归结为一系列可执行的基本操作（计算步骤），程序执行基本操作的耗时仅仅依赖于特定的硬件设施，不依赖于一个正整数，即不会随之增大而增大。

2.2　算法的复杂度

一个函数，即算法，从执行到结束涉及两个度量：一个是执行函数所消耗的时间，另一个是执行函数所需要的内存空间。

在这里首先明确一点，如果一个算法不能在有限的时间内结束，就不属于算法复杂度研究的范畴，例如一个算法里出现的无限循环，就不再属于算法复杂度的研究范畴了。

1. 基本操作

一个基本操作是一条语句或一个运算表达式，而且必须是在有限时间内能被完成的计算步骤。

函数里声明的局部变量，包括参数都不归类到基本操作，即不是基本操作，而是归类到数据的声明。对于一个算法,局部变量的数目一定是固定的,因此在计算时间复杂度时,忽略数据的声明。

在计算空间复杂度时,需要计算声明的变量所占用的内存空间,因为这样才可以计算出算法占用的存储空间的大小,例如对于数组,数组的元素的个数可能会依赖于一个正整数 n,即数组占用的存储空间会随着 n 的增大而增大。

2. 时间复杂度

算法的时间复杂度是用来度量一个算法在执行期间所用的时间。不同的计算机执行相同的算法所消耗的时间是不同的,这依赖于硬件执行指令的速度,因此,算法的时间复杂度不是给出一个算法所用的准确时间,而是给出算法执行的基本操作的总数。

在计算复杂度之前,需要先列出算法中的基本操作,有些基本操作可能会被反复执行多次,例如逻辑比较、关系比较、赋值等基本操作。

总次数是依赖于一个正整数 n 的函数,可将该函数记作 $T(n)$。一个计算机执行每个基本操作的平均时间是 t,那么它执行算法的耗时就是 $tT(n)$,其中 t 是与 n 无关的常量。

算法的复杂度主要度量 $T(n)$ 值随着 n 的增大而变化的趋势(忽略计算机执行每个基本操作的平均时间 t)。例如:

$$T(n) = n^2 + n + 1$$

如果存在一个 n 的函数 $f(n)$,使得

$$T(n)/f(n)(n=1,2,\cdots)$$

的极限是大于 0 的数,则称 $f(n)$ 是算法时间复杂度的渐进时间复杂度,简称算法的时间复杂度,记作 $O(f(n))$。时间复杂度的这种记法称作大 O(大写英文字母 O)记法。例如:

$$T(n)/n^2 = (n^2 + n + 1)/n^2 (n=1,2,\cdots)$$

的极限是大于 0 的数,那么算法的渐进时间复杂度就是 n^2,记作 $O(n^2)$。

注意:在计算算法执行的基本操作总次数时,要针对最坏的情况,即在某种条件下执行的基本操作的总次数是最多的情况。

3. 空间复杂度

空间复杂度用来度量一个算法在执行期间占用的存储空间。计算一个算法的空间复杂度时,需要考虑在运行时算法中的局部变量所占用的内存空间以及调用函数所占用的内存空间(函数地址被压栈的操作)。当一个算法占用的内存空间为一个常量时,将空间复杂度记为 $O(1)$;当一个算法占用的存储空间与一个正整数 n 成线性比例关系时,将空间复杂度记为 $O(n)$。算法在执行期间,一些变量占用内存后,可能会很快地释放所占用的空间,例如算法调用函数结束后会释放函数占用的内存空间(弹栈操作)。空间复杂度是指在某一时刻算法所占用的内存空间的最大值。计算时间复杂度时,若一个操作被重复两次,次数是需要累加的,理由是时间需要累加。例如,一个赋值语句被重复两次,就相当于执行了两个基本操作,即时间需要累加两次,但是占用的内存空间都是该变量占用的内存,内存空间不累加计算。再如,一个函数被重复调用两次,占用的内存空间是不累加的,理由是第一次调用结束后就释放了函数占用的内存空间。除非连续调用一个函数 n 次后再依次释放内存空间,那么连续调用 n 次后,算法所占用的内存空间就与一个正整数 n 有关(见第 3 章的递归调用)。

注意:在计算算法占用内存大小时,要针对最坏的情况,即在某种条件下或某个时刻占用内存最多的情况。

4. 复杂度比较

假设有 $O(f(n))$ 和 $O(g(n))$，如果 $f(n)/g(n)$ $(n=1,2,\cdots)$ 的极限是正数，称 $O(f(n))$ 和 $O(g(n))$ 是相同的复杂度；如果 $f(n)/g(n)$ $(n=1,2,\cdots)$ 的极限是 0，称 $O(f(n))$ 复杂度低于 $O(g(n))$ 的复杂度；如果 $f(n)/g(n)$ $(n=1,2,\cdots)$ 的极限是无穷大，称 $O(f(n))$ 复杂度高于 $O(g(n))$ 复杂度或 $O(g(n))$ 复杂度低于 $O(f(n))$ 复杂度。

注意：学习复杂度时，一定要记住时间累加，空间不累加。

2.3 常见的复杂度

计算复杂度的关键在于统计出算法（函数）中的基本操作被执行的总次数。有些基本操作可能没有被重复执行，有些可能被反复执行，那些没被重复执行的基本操作不会影响算法的时间复杂度，因此在计算时间复杂度时可以忽略这些基本操作。

前面已经强调，函数中声明的局部变量，包括参数，都不能归类到基本操作，而是归类到数据的声明。因此在计算时间复杂度时忽略数据的声明；在计算空间复杂度时需要计算声明的变量占用的内存空间。

1. $O(1)$ 复杂度

如果算法中的基本操作被执行的总次数是一个常量，即不依赖一个正整数 n、不会随着 n 的增大而增大，那么将算法的时间复杂度记作 $O(1)$。算法中变量所占用的内存是一个常量，即所占内存不依赖一个正整数 n、不会随着 n 的增大而增大，那么将算法的空间复杂度记作 $O(1)$。

例 2-1 计算最大值。

本例的 ALG2_1.py 中的 max(a,b) 函数返回两个整数 a 和 b 的最大值，其时间和空间复杂度都是 $O(1)$。

```
max.cpp
```

```
ALG2_1.py
def max(a,b):
    return a if a > b else b
```

max.cpp 中的 max(a,b) 函数中的基本操作包括关系表达式和 return 语句。
return 语句被执行一次，关系表达式 $a>b$ 被执行一次。那么算法中的基本操作被执行的总次数是 2，是一个常量，因此时间复杂度是 $O(1)$。

算法中只有两个局部变量（两个参数），而两个变量占用内存的大小都是固定的，因此空间复杂度是 $O(1)$。

本例的 ch2_1.py 使用 ALG.py 中的 max(a,b) 函数求几个整数的最大值，运行效果如图 2.1 所示。

12, 198, 789的最大值789

图 2.1 求最大值

```
ch2_1.py
from ALG2_1 import max
x = 12
y = 198
z = 789
result = max(max(x,y),z)
print(f"{x},{y},{z}的最大值{result}")
```

例 2-2 计算 1～100 的连续和。

本例的 ALG2_2.py 中的 sum() 函数计算 1～100 的连续和，其时间和空间复杂度都是 $O(1)$。

ALG2_2.py

```
def sum():
    sum_result = 0
    for i in range(1, 101):
        sum_result += i
    return sum_result
```

sum()函数中return语句被执行了一次，range(1,101)被重复执行了101次，赋值语句"sum_result += i;"重复了100次。那么算法中的基本操作被执行的总次数是202，是一个常量，因此时间复杂度是$O(1)$。

sum()函数中有两个局部变量sum_result和i，而这两个变量占用内存的大小都是固定的，因此空间复杂度是$O(1)$。

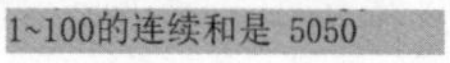

图2.2 计算1~100的连续和

本例的ch2_2.py中使用ALG2_2.py中的sum()函数来计算1~100的连续和，运行效果如图2.2所示。

ch2_2.py

```
from ALG2_2 import sum
print("1～100 的连续和是",sum())
```

2. $O(n)$复杂度

如果算法中的基本操作被执行的总次数$T(n)$依赖于一个正整数n，并随着n的增大而线性增大，那么将算法的时间复杂度记作$O(n)$。$O(n)$复杂度也称为线性复杂度，即$T(n)$是n的一个线性函数：$T(n)=an+b(a\neq 0)$。线性复杂度大于$O(1)$复杂度。

例2-3 计算1~n的连续和。

本例的ALG2_3.py中的sum(n)函数计算1~n的连续和，其时间复杂度是$O(n)$，空间复杂度是$O(1)$；mult(n)函数计算n的阶乘，其时间复杂度是$O(n)$，空间复杂度是$O(1)$。

ALG2_3.py

```
def sum(n):
    sum_result = 0
    for i in range(1, n+1):
        sum_result += i
    return sum_result
def mult(n):
    result = 1
    for i in range(1, n+1):
        result *= i
    return result
```

sum(n)函数中的基本操作包括成员测试表达式、赋值语句和return语句。

return语句被执行了一次，成员测试表达式"i in range(1,n+1)"被重复执行了$n+1$次，赋值语句"sum_result+=i;"被重复了n次，那么算法中的基本操作被执行的总次数$T(n)=2n+2$，是一个依赖正整数n的函数。对于函数$f(n)=n$，有

$$T(n)/f(n)=(2n+2)/n(n=1,2,\cdots)$$

的极限是2，因此时间复杂度是$O(n)$。

在sum(n)函数中有3个局部变量sum_result, i和n，这3个局部变量占用内存的大小都是固定的，因此算法的空间复杂度是$O(1)$。

计算mult(n)函数的复杂度与计算sum(n)函数的复杂度类似，时间复杂度是$O(n)$，空间复杂度是$O(1)$。

第 2 章　算法复杂度

本例 ch2_3.py 使用 ALG2_3.py 中的 sum(n) 函数计算 1~8888 的连续和以及 1000~8888 的连续和,使用 mult(n) 函数计算 6 的阶乘和 10 的阶乘,运行效果如图 2.3 所示。

```
1~8888的连续和39502716
1000~8888的连续和39003216
6的阶乘是720
10的阶乘是3628800
```

图 2.3　计算和以及阶乘

ch2_3.py

```python
from ALG2_3 import sum, mult
n = 8888
m = 1000
print(f"{1}~{n}的连续和{sum(n)}")
print(f"{m}~{n}的连续和{sum(n) - sum(m - 1)}")
n = 6
print(f"{n}的阶乘{mult(n)}")
n = 10
print(f"{n}的阶乘{mult(n)}")
```

例 2-4　求数组元素的最大值。

本例的 ALG2_4.py 中的 array_max(arr) 函数返回数组 arr 的元素值的最大值,时间复杂度是 $O(n)$、空间复杂度是 $O(n)$。

ALG2_4.py

```python
import array
def array_max(arr):
    max_val = arr[0]
    for i in range(1, len(arr)):
        if arr[i] > max_val:
            max_val = arr[i]
    return max_val
```

array_max(arr) 函数中的基本操作包括成员测试表达式、关系表达式、赋值语句和 return 语句。return 语句被执行了一次,成员测试表达式"i in range(1,len(arr))"被重复执行了 $n-1$ 次(n 是数组 arr 的长度),关系表达式 a[i]>max 被重复执行了 $n-1$ 次,赋值语句"max=a[i];"有可能被重复执行 $n-1$ 次,那么算法中的基本操作被执行的总次数 $T(n)=3n-2$ 是一个依赖于正整数 n 的函数。对于函数 $f(n)=n$,有

$$T(n)/f(n) = (3n-2)/n \quad (n=1,2,\cdots)$$

的极限是 3,因此算法时间复杂度是 $O(n)$。

array_max(arr) 函数中有两个局部变量 max_val 和数组 arr。max_val 占用的内存大小都是固定的,数组 arr 占用内存的大小 $V(n)$ 将是依赖于 n 的一个函数 $V(n)=cn$,其中 c 是数组单元占用内存空间的大小(是一个常数),n 是数组 arr 的长度。对于函数 $f(n)=n$,有

$$V(n)/f(n) = cn/n \quad (n=1,2,\cdots)$$

的极限是 c,因此空间复杂度是 $O(n)$。

```
数组a的最大值: 987 ,数组b的最大值: -2
```

图 2.4　计算数组元素值的最大值

本例的 ch2_4.py 使用 ALG2_4.py 中的 array_max(arr) 函数计算两个数组的元素值的最大值,运行效果如图 2.4 所示。

ch2_4.py

```python
from ALG2_4 import array_max
import array
a = array.array('i', [23, 45, 100, 200, 987, 600])
b = array.array('i', [-2, -5, -100, -20, -37, -6])
print("数组 a 的最大值:", array_max(a), ",数组 b 的最大值:", array_max(b))
```

13

例 2-5 寻找缺失的一个自然数。

去掉 1~n 中的某个自然数后,将剩余的自然数放入一个数组的元素中(不要求排序),然后给出数组中缺失的那个自然数。本例有三个给出缺失自然数的函数。本例 ALG2_5.py 中的 find_lost_number(arr,length) 和 find_missing_number(arr,length) 函数都返回数组中缺失的某个自然数,两者的时间复杂度和空间复杂度都是 $O(n)$;find_number(arr,length) 函数返回数组中缺失的某个自然数,时间复杂度是 $O(n^2)$,空间复杂度都是 $O(n)$。

ALG2_5.py

```
import array
def find_lost_number(arr, length):
    sum_array = sum(arr)                    #计算数组中的数字之和
    sum_n = sum(range(1, length + 2))       #计算1~n的连续和
    return sum_n - sum_array                #返回缺失的数
def find_missing_number(arr, length):
    result_array = 0                        #存放数组中的数字"异或"运算结果
    result = 0                              #存放1~n的数字"异或"运算结果
    for num in arr:
        result_array ^= num                 #数组中的数字"异或"运算
    for i in range(1, length + 2):
        result ^= i                         #1~n的数字"异或"运算
    return result_array ^ result            #返回缺失的数
#穷举法找丢失的数
def find_number(arr, length):
    for j in range(1, length + 2):
        found = False
        for i in range(length):
            if j == arr[i]:
                found = True
                break
        if not found:
            return j
    return -1
```

find_lost_number(arr,length) 的算法很简单,即首先计算原始的数字之和,比如 1,2,3,4,5,6,7,8,9 的和是 45,然后再计算缺失一个数字之后的一组数字的和,例如缺失数字 3 后的一组数据 1,2,4,5,6,7,8,9 的和是 42,两个值的差刚好是缺失的数 3。假设缺失一个数字后的数组的长度是 length,那么 length 的值是 $n-1$,其中 n 是未缺失数字之前的数组中最大的自然数。

find_lost_number(arr,length) 函数中 sum(arr) 函数的时间复杂度是 $O(n)$,其中 n 是数组 arr 的长度。sum(arr) 函数会遍历整个数组并对其中的元素进行累加,因此它的时间复杂度与数组的长度成正比。数组中的自然数越多,数组的长度 n 就越大,所以空间复杂度是 $O(n)$。

find_missing_number(arr,length) 算法中的基本操作不是加法和减法,而是使用了异或^运算。两个整型数据 a,b 按位进行运算,运算结果是一个整型数据 c。运算法则是:如果 a,b 两个数据对应位相同,则 c 的该位是 0,否则是 1。异或运算满足交换律。

由"异或"运算法则可知 $a \wedge a = 0, a \wedge 0 = a$,即异或运算有一个特点:一个整数和 0 的"异或"结果仍然是该整数,一个整数和自身的"异或"结果是 0。利用"异或"运算的这个特点,能够很容易地找出一组整数中缺失的数。首先计算原始数字的"异或"运算结果,比如 $a \wedge b \wedge c \wedge d$,然后计算缺失了一个数之后的一组数字的"异或"运算结果,如缺失数字 b 后的一组数据 a,c,d 的

"异或"运算结果是 a^c^d。两者(即两个结果)再次"异或"运算的结果刚好是缺失的数：
$$a\hat{\,}b\hat{\,}c\hat{\,}d\hat{\,}a\hat{\,}c\hat{\,}d = a\hat{\,}b\hat{\,}c\hat{\,}d\hat{\,}a\hat{\,}c\hat{\,}d = a\hat{\,}a\hat{\,}b\hat{\,}c\hat{\,}c\hat{\,}d\hat{\,}d = b$$

尽管 find_missing_number()和 find_lost_number()函数的时间复杂度相同,都是 $O(n)$,但 find_missing_number()的基本操作是"异或"运算,find_lost_number()是"加减"运算。从理论上而言,同一台计算机,执行"异或"运算要比"加减"运算快。所以,对于同一个算法,在复杂度相同的情况下,尽量使用速度快的基本操作,使用这样的基本操作能使代码更简练、阅读性更好。

find_number(arr,length)的算法和前面两者不同,使用的是穷举法,算法中的 for 语句里嵌套了 for 语句形成的双层循环,不难验证其时间复杂度是 $O(n^2)$。

本例 ch2_5.py 分别使用 find_lost_number(arr,length)、find_missing_number(arr,length)和 find_number(arr,length)函数返回数组中缺失的自然数,并比较了 $O(n)$ 时间复杂度和 $O(n^2)$ 的实际耗时,运行效果如图 2.5 所示。

图 2.5 寻找缺失的数字

ch2_5.py

```
from ALG2_5 import find_lost_number,find_missing_number,find_number
import array
import time
arr1 = array.array('i', [12,10,6,5,4,7,8,9,2,11,1])            #3 缺失
arr2 = array.array('i', [1,2,3,4,5,6,7,8,10,11,12])            #9 缺失
for num in arr1:
    print(num,end=" ")
lost_number = find_lost_number(arr1, len(arr1))
print(f"find_lost_number 找到的缺失数为:{lost_number}")
for num in arr2:
    print(num,end=" ")
lost_number = find_missing_number(arr2, len(arr2))
print(f"find_missing_number 找到的缺失数为:{lost_number}")
arr = array.array('i', list(range(1, 100001)))
arr.remove(5001)                                                #5001 缺失
#测试 find_lost_number 函数的耗时
start_time = time.time()
lost_number = find_lost_number(arr, len(arr))
end_time = time.time()
print(f"线性复杂度函数找到的缺失数为:{lost_number},耗时:{end_time - start_time} 秒")
#测试 find_number 函数的耗时
start_time = time.time()
number = find_number(arr, len(arr))
end_time = time.time()
print(f"多项式时间复杂度找到的缺失数为:{number},耗时:{end_time - start_time} 秒")
```

3. $O(n^2)$ 复杂度

如果算法中的基本操作被执行的总次数 $T(n)$ 依赖于一个正整数 n,会随着 n 的增大以 n 的 k 次多项式增大,那么将算法的时间复杂度记作 $O(n^k)(k \geqslant 2)$。$O(n^k)(k \geqslant 2)$ 复杂度也称多项式复杂度,即 $T(n)$ 是 n 的多项式函数:$T(n) = a_k n^k + a_{k-1} n^{k-1} + \cdots + a_1 n + a_0$,其中 $a_m (0 \leqslant m \leqslant k, k \geqslant 2)$ 是常数,并且 $a_k \neq 0$。多项式复杂度大于线性复杂度。$O(n^2)$ 和 $O(n^3)$ 是常见的复杂度。

例 2-6 输出乘积表。

本例 ALG2_6.py 中的 multi(int n) 函数输出：

1×1 = 1

1×2 = 2　2×2 = 4

1×3 = 3　2×3 = 6　3×3 = 9

……

ALG2_6.py

```
def multi(n):
    for i in range(1, n+1):
        for j in range(1, i+1):
            print(f" {j}×{i} = {j * i}", end="")
        print()
```

本例 ALG2_6.py 中的 multi(n) 函数里 for 语句中嵌套了 for 语句，形成双层循环，函数的时间复杂度是 $O(n^2)$、空间复杂度是 $O(1)$。

外循环中的成员测试表达式"i in range(1, n+1)"被重复执行了 $n+1$ 次。内循环中的测试表达式"j in range(1, i+1)"重复执行了

$$1 + 2 + \cdots + n = n^2/2 + n/2$$

次，语句"print(f"{j}×{i} = {j * i}", end="")"被重复执行了

$$1 + 2 + \cdots + n = n^2/2 + n/2$$

次。语句"print()"被重复执行了 n 次，算法中被重复执行的基本操作总次数是一个依赖于 n 的一个二次多项式：

$$n^2 + 2n$$

所以时间复杂度是 $O(n^2)$。

算法中有三个局部变量 i, j 和 n，一个调用输出流的语句"print()"执行完毕就释放内存，因此算法空间复杂度是 $O(1)$。

本例的 ch2_6.py 使用 ALG2_6.py 中的 multi(n) 函数输出了小九九乘法表，运行效果如图 2.6 所示。

```
1×1 = 1
1×2 = 2  2×2 = 4
1×3 = 3  2×3 = 6  3×3 = 9
1×4 = 4  2×4 = 8  3×4 = 12 4×4 = 16
1×5 = 5  2×5 = 10 3×5 = 15 4×5 = 20 5×5 = 25
1×6 = 6  2×6 = 12 3×6 = 18 4×6 = 24 5×6 = 30 6×6 = 36
1×7 = 7  2×7 = 14 3×7 = 21 4×7 = 28 5×7 = 35 6×7 = 42 7×7 = 49
1×8 = 8  2×8 = 16 3×8 = 24 4×8 = 32 5×8 = 40 6×8 = 48 7×8 = 56 8×8 = 64
1×9 = 9  2×9 = 18 3×9 = 27 4×9 = 36 5×9 = 45 6×9 = 54 7×9 = 63 8×9 = 72 9×9 = 81
```

图 2.6 输出乘法表

ch2_6.py

```
from ALG2_6 import multi
multi(9)
```

例 2-7 起泡法排序。

本例 ALG2_7.py 中的起泡排序函数 sort(arr) 的时间复杂度是 $O(n^2)$，空间复杂度是 $O(n)$。

ALG2_7.py

```
def sort(arr):
    n = len(arr)
    for m in range(n-1):  # 起泡法
```

```
        for i in range(n - 1 - m):
            if arr[i] > arr[i + 1]:
                arr[i], arr[i + 1] = arr[i + 1], arr[i]
```

本例 ALG2_7.py 中的 sort(arr)函数里的 for 语句里又嵌套了 for 语句,形成循环嵌套。外循环中的成员测试表达式"m in range(n-1)"被重复执行了 n 次(n 是数组 arr 的长度)。内循环中的成员测试表达式"i in range(n-1-m)"被重复执行了

$$n - 1 + \cdots + 1 = n^2/2$$

次。if 分支语句中的表达式 arr[i]>arr[i+1]被重复执行了

$$n - 1 + \cdots + 1 = n^2/2$$

次。这里可以忽略 if 分支语句中语句的执行次数,不影响算法的复杂度。

sort(arr)算法中被重复执行的基本操作的总次数是一个依赖于 n 的二次多项式:

$$n^2 + n - 1$$

所以时间复杂度是 $O(n^2)$。

在算法中有 4 个局部变量和一个数组 arr,数组 arr 的长度是 n,因此算法空间复杂度是 $O(n)$。

本例的 ch2_7.py 中使用 ALG2_7.py 中的 sort(arr)函数排序数组,运行效果如图 2.7 所示。

```
排序前:
5 6 12 3 56 1 16
排序后:
1 3 5 6 12 16 56
```

图 2.7 起泡法排序

ch2_7.py

```
from ALG2_7 import sort
import array
arr = array.array('i', [5,6,12,3,56,1,16])
print("排序前:")
for num in arr:                    ♯输出排序后的数组
    print(num, end = ' ')
sort(arr)                          ♯调用 sort 函数
print("\n 排序后:")
for num in arr:                    ♯输出排序后的数组
    print(num, end = ' ')
```

4. $O(2^n)$复杂度

如果算法中的基本操作被执行的总次数 $T(n)$依赖一个正整数 n,会随着 n 的增大以 2 的指数式增大,那么将算法的时间复杂度记作 $O(2^n)$。$O(2^n)$复杂度也称指数复杂度。指数复杂度大于多项式复杂度。时间复杂度是指数复杂度 $O(2^n)$的某些算法会在一些递归算法中出现(见第 3 章的例 3-2,例 3-11)。

例 2-8 输出 $1 \sim 2^n$ 的整数。

本例 ALG2_8.py 中的 out_put(n)函数输出 $1 \sim 2^n$ 的整数,时间复杂度是 $O(2^n)$,空间复杂度是 $O(1)$。

ALG2_8.py

```
def out_put(n):
    m = 2
    for i in range(n - 1):
        m = m << 1             ♯循环结束后 m 的值是 2 的 n 次幂
    for i in range(1, m + 1):
        print(i, end = ' ')
    print()
```

第一个 for 语句的成员测试表达式"i in range(n-1)"被重复执行了 n 次。赋值语句

“$m=m\ll 1$;”被重复执行了 $n-1$ 次,使得 m 的值是 2 的 n 次幂。第 2 个 for 语句的成员测试表达式“i in range(m+1)”被重复执行了 $m+1$ 次,语句“print(i,end=' ')”被重复执行了 m 次,即 2^n 次。

算法中被执行的基本操作总数

$$T(n)=2\times 2^n+2n-2$$

中含有一个依赖于 n 的幂函数,因此算法的时间复杂度是 $O(2^n)$。

在算法中有 3 个局部变量 n、m 和 i,而语句“print”执行完毕就释放内存,因此算法空间复杂度是 $O(1)$。

例 2-8 的 ch2_8. py 中使用 ALG2_8. py 中的 out_put(n)函数输出了 $1\sim2^8$ 的数,运行效果如图 2.8 所示。

```
1 2 3 4 5 6 7 8 9 10 11 12 13 14 15 16 17 18 19 20 21 22 23 24 25 26 27 28 29 30 31
32 33 34 35 36 37 38 39 40 41 42 43 44 45 46 47 48 49 50 51 52 53 54 55 56 57 58 59
60 61 62 63 64 65 66 67 68 69 70 71 72 73 74 75 76 77 78 79 80 81 82 83 84 85 86 87
88 89 90 91 92 93 94 95 96 97 98 99 100 101 102 103 104 105 106 107 108 109 110 111
112 113 114 115 116 117 118 119 120 121 122 123 124 125 126 127 128 129 130 131 132
133 134 135 136 137 138 139 140 141 142 143 144 145 146 147 148 149 150 151 152 153
154 155 156 157 158 159 160 161 162 163 164 165 166 167 168 169 170 171 172 173 174
175 176 177 178 179 180 181 182 183 184 185 186 187 188 189 190 191 192 193 194 195
196 197 198 199 200 201 202 203 204 205 206 207 208 209 210 211 212 213 214 215 216
217 218 219 220 221 222 223 224 225 226 227 228 229 230 231 232 233 234 235 236 237
238 239 240 241 242 243 244 245 246 247 248 249 250 251 252 253 254 255 256
```

图 2.8　输出 $1\sim2^8$ 的数

ch2_8. py

```
from ALG2_8 import out_put
out_put(8)
```

5. $O(\log_2 n)$复杂度

如果算法中的基本操作被执行的总次数 $T(n)$依赖一个正整数 n,会随着 n 的增大以对数式增大,那么将算法的时间复杂度记作 $O(\log_2 n)$。$O(\log n)$复杂度也称对数复杂度(以 2 为底的对数)。对数复杂度大于 $O(1)$复杂度,小于 $O(n)$复杂度。

例 2-9　二分法。

本例 ALG2_9. py 中的 binary_search(array,number)函数是经典的二分法,其时间复杂度是 $O(\log_2 n)$、空间复杂度是 $O(n)$。

ALG2_9. py

```
def binary_search(array, number):
    start = 0
    end = len(array)                          #end 是数组 array 的长度
    while start < end:
        mid = (start + end) // 2
        mid_value = array[mid]
        if number < mid_value:
            end = mid
        elif number > mid_value:
            start = mid + 1
        else:
            return mid                        #number 在数组中,返回索引值
    return -(start + 1)                       #number 不在数组中,返回的是负数
```

判断一个数 number 是否在长度是 n 的有序数组(升序)中,二分法(也称折半法)采用的思想是:判断 number 是否是数组中间元素的值,如果是中间元素的值,算法结束,否则在数组的后半部分或前半部分组成的数组中继续判断 number 是否是中间元素的值,如此反复,就会判断出 number 是否是最初数组的某个元素值。

二分法的特点是,处理的数据量每次减少一半,即第 k 次是判断 number 是否是长度为 $n/2^k$ ($k \geqslant 0$) 的数组中的元素值。

k 的最大可能取值就是使得数组的长度为1。也就是说,当 $n/2^k = 1$ 时一定能判断出 number 是否是数组中的元素值。因此 while 循环的体循环被执行的次数 k 满足 $n/2^k = 1$,即 $k = \log_2 n$。

循环体中的基本操作是有限多个,比如 m 个。依据上面的分析,那么基本操作总数为:
$$T(n) = m \log_2 n$$
其中 m 是常量。所以 binary_search(array, number)(二分法) 的时间复杂度是 $O(\log_2 n)$。

算法中影响空间复杂度的是一维数组 array 的长度 n,因此空间复杂度是 $O(n)$。

本例的 ch2_9.py 使用 ALG2_9.py 中的函数,判断某个数是否是有序数组的元素值,运行效果如图 2.9 所示。

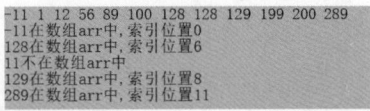

图 2.9 使用二分法查找数据

ch2_9.py

```
from ALG2_9 import binary_search
import array
arr = array.array('i',[128,129,199,200,289,-11,1,12,56,89,100,128])
arr = sorted(arr)
for num in arr:
    print(num,end=" ")
print()
number = array.array('i',[-11,128,11,129,289])
for num in number:
    index = binary_search(arr, num)
    if index >= 0:
        print(f"{num}在数组 arr 中,索引位置{index}")
    else:
        print(f"{num}不在数组 arr 中")
```

例 2-10 欧几里得算法。

本例 ALG2_10.py 中的 gcd(n,m) 函数返回两个正整数 m 和 n 的最大公约数,是经典的欧几里得算法,又称辗转相除算法,其时间复杂度是 $O(\log_2 n)$,空间复杂度是 $O(1)$。

ALG2_10.py

```
def gcd(n, m):
    n = abs(n)
    m = abs(m)
    r = 0  # 存放余数
    while n % m != 0:
        r = n % m
        n = m
        m = r
    return m
```

影响 gcd(n,m) 复杂度的主要代码是下列的 while 语句中的基本语句:

```
while n % m != 0:
    r = n % m
    n = m
    m = r
```

由于 $n\%m$ 小于 $n/2$,即辗转相除都会使得 n 的值至少减少一半,那么计算复杂度就类似例2-9中的二分法。while循环的循环体被执行的次数不会超过k,其中k满足$n/2^k=1$,即$k=\log_2 n$。循环体中的基本操作只有4个,关系表达式$n\%m!=0$和3个赋值语句,因此,while循环中基本操作被执行的总次数小于或等于$4\times\log_2 n$。所以gcd(n,m)函数(即欧几里得算法)的时间复杂度是$O(\log_2 n)$。

gcd(n,m)函数中只有3个局部变量,所占内存不依赖于一个正整数,所以空间复杂度是$O(1)$。

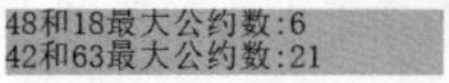

本例ch2_10.py中使用欧几里得算法gcd(n,m)输出两个正整数的最大公约数,运行效果如图2.10所示。

图2.10 求最大公约数

ch2_10.py

```
from ALG2_10 import gcd
a = 48
b = 18
print(f"{a}和{b}最大公约数:{gcd(a, b)}")
a = 42
b = 63
print(f"{a}和{b}最大公约数:{gcd(a, b)}")
```

6. $O(n\log_2 n)$复杂度

如果算法中的基本操作被执行的总次数$T(n,m)$依赖两个正整数m,n,并且会随着m,n的增大以对数和线性乘积的形式增大,那么将算法的时间复杂度记作$O(n\log_2 m)$。由于m和n都是要趋于无穷大的正整数,所以$O(n\log_2 m)$也记作$O(n\log_2 n)$。

如果一个函数里又调用了其他函数,即一个算法又包含另外一个算法,那么该函数的复杂度和它包含的函数复杂度相关,需要合并考查复杂度。如果调用这个函数的执行时间和所占内存的大小都不依赖于正整数n,即所包含的函数的时间复杂度和空间复杂度是$O(1)$,那么可以认为这个函数的调用是一个基本操作,例如print("Hello")属于基本操作。

例2-11 使用二分法查找一个数组在另一个数组中的值。

本例ALG_11.py中的find_data_in_array(a,b)函数使用二分法查找数组b中哪些元素值在数组a中,并输出这些数组元素的值,其时间复杂度是$O(n\log_2 n)$,空间复杂度是$O(n)$(n是数组的长度)。find_data_in_array(a,b)要使用例2-9的ALG2_9.py中的binary_search(array,number)函数,所以需要将ALG2_9.py和本例ALG_11.py放在同一目录中。

ALG_11.py

```
from ALG2_9 import binary_search
def find_data_in_array(a, b):
    for i in range(len(b)):
        index = binary_search(a, b[i])
        if index >= 0:
            print(" ", b[i], end="")
    print()
```

影响算法复杂度的主要操作是binary_search(a,b[i]),所以必须把该操作与当前函数合并一起来计算复杂度。binary_search(a,b[i])的复杂度是$O(\log_2 n)$(n是数组a的长度,见例2-9),那么不难计算出find_data_in_array(a,b)的时间复杂度是$O(n\log_2 n)$,空间复杂度是$O(n)$(n是数组的长度)。

本例的ch2_11.py输出数组number在数组arr中的元素值,运行效果如图2.11所示。

```
数组arr: 128 129 199 200 289 -11 1 12 56 89 100 128
数组number:-11 128 11 129 289
在数组arr中的值: -11 128 129 289
```

图 2.11　数组 number 在数组 arr 中的元素值

ch2_11.py

```python
from ALG_11 import find_data_in_array
import array
arr = array.array('i',[128,129,199,200,289,-11,1,12,56,89,100,128])
print("数组 arr:",end=" ")
for num in arr:
    print(num,end=" ")
print()
number = array.array('i',[-11,128,11,129,289])
print("数组 number:",end="")
for num in number:
    print(num,end=" ")
print("\n 在数组 arr 中的值:",end="")
arr = sorted(arr)
find_data_in_array(arr, number)
```

例 2-12　数组所有元素值的最大公约数。

本例 ALG2_12.py 中的 gcd_in_array(arr)函数,返回数组 arr 的所有元素值的最大公约数,其时间复杂度是 $O(n\log_2 n)$,空间复杂度是 $O(n)$。

ALG2_12.py

```python
from ALG2_10 import gcd
def gcd_in_array(arr):
    m = arr[0]
    for i in range(1, len(arr)):
        m = gcd(m, arr[i])
    return m
```

影响算法复杂度的主要操作是 gcd(),所以必须把该操作与当前函数合并一起来计算复杂度。本例 ALG 2_12.py 需要使用例 2-10 的 ALG2_10.py 中的 gcd()函数,所以需要将 ALG2_10.py 和本例 ALG2_12.py 放在同一目录中。gcd()的复杂度是 $O(\log_2 n)$(见例 2-10),那么不难计算出 gcd_in_array(arr)的时间复杂度是 $O(n\log_2 n)$。数组 arr 的长度是 n,所以空间复杂度是 $O(n)$。

本例 ch2_12.py 使用 ALG 2_12.py 中的 gcd_in_array (arr)函数输出数组 arr 所有元素的最大公约数,运行效果如图 2.12 所示。

```
12 18 24 36 数组中所有元素的最大公约数: 6
```

图 2.12　数组元素的最大公约数

ch2_12.py

```python
from ALG2_12 import gcd_in_array
arr = [12, 18, 24, 36]
for num in arr:
    print(num,end = " ")
result = gcd_in_array(arr)
pring("数组中所有元素的最大公约数:",result)
```

7. 复杂度比较

按照复杂度的比较规则(见 2.2 节):

如果 $f(n)/g(n)(n=1,2,\cdots)$ 的极限是正数,$O(f(n))$ 和 $O(g(n))$ 是相同的复杂度。

如果 $f(n)/g(n)(n=1,2,\cdots)$ 的极限是 0,$O(f(n))$ 的复杂度低于 $O(g(n))$ 的复杂度。

如果 $f(n)/g(n)(n=1,2,\cdots)$ 的极限是无穷大，$O(f(n))$ 的复杂度高于 $O(g(n))$ 的复杂度。

复杂度从小到大的顺序是：
$$O(1), O(\log_2 n), O(n), O(n\log_2 n), O(n^2), O(n^3), O(2^n)$$

程序中大部分算法都是这些复杂度中之一，除非特别需要，后续章节不再给出每个函数的复杂度。

习题 2

第 3 章　递归算法

本章主要内容

- 递归算法简介；
- 线性与非线性递归；
- 问题与子问题；
- 递归与迭代；
- 多重递归；
- 经典递归；
- 优化递归。

递归算法是非常重要的算法，是很多算法的基础。递归算法不仅能使代码优美简练，容易理解解决问题的思路或发现数据的内部逻辑规律，而且具有很好的可读性。递归算法是分治算法思想的重要体现，或者说分治算法思想来源于递归：将规模大的问题逐步分解成规模小的问题，最终解决整个问题。与排序算法不同，许多经典的排序算法已经日臻完善，在许多应用中只需选择一种排序算法直接使用即可（见第 4 章 4.3 节），而对于递归算法，只有真正理解递归算法内部运作机制的细节，才能针对实际问题写出正确的递归算法。所以本书单独设一章讲解递归算法。

为了方便调试代码，本章的例子各自存放在一个单独的目录中，例如，例 3-5 存放在"C:\ch3\例子 5"中。通常用 ALG.py 文件存放例子用到的重要的函数（ALG 是 algorithm 的缩写）。

3.1　递归算法简介

一个函数在执行过程中又调用了自身，形成了递归调用，这样的函数被称为递归函数或递归算法。递归函数是一个递归过程，函数调用自身一次，就是一次递归。每一次递归又导致函数调用自身一次，形成下一次递归。结束递归需要条件，当这个条件满足时递归过程会立刻结束，即在某次递归中函数不再调用自身，结束递归。如果在某次递归中函数不再调用自身，那么此次递归就是函数最后一次调用自身，从递归开始到函数最后一次调用自身，函数被调用的总数记作 $R(n)$（也称递归总数为递归深度），那么 $R(n)$ 是依赖于一个正整数 n 的函数。

假设函数名是 f，下面进一步说明递归过程中的压栈和弹栈的细节。

递归函数 f 的递归过程是这样的：第 k 次调用 f 需要等待第 $k+1$ 次调用 f 结束执行后才能结束本次调用的执行。那么第 $R(n)$ 次（最后一次）调用 f 结束执行后，就会依次使得第 k 次调用 f 结束执行（$k=R(n)-1, R(n)-2, \cdots, 1$），如图 3.1 所示。

函数被调用时，函数的（入口）地址会被压入栈（栈是一种先进后出的结构）中，称为压栈操作，同时函数的局部变量被分配内存空间。函数调用结束，会进行弹栈，称为弹栈操作，同时释放函数的局部变量所占的内存。递归过程的压栈操作会导致栈的长度不断变大，而弹栈操作

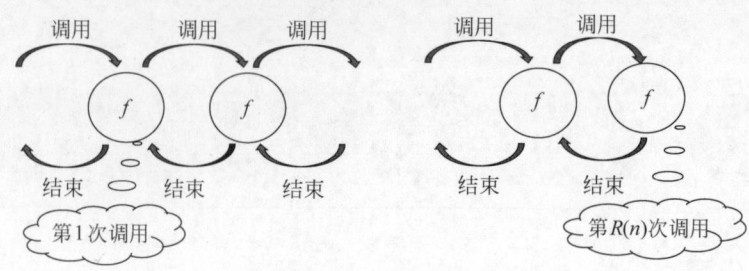

图 3.1 递归执行过程

会导致栈的长度不断变小,最终使栈的长度为 0,如图 3.2 所示,其中用函数的名字 f,表示函数的地址。

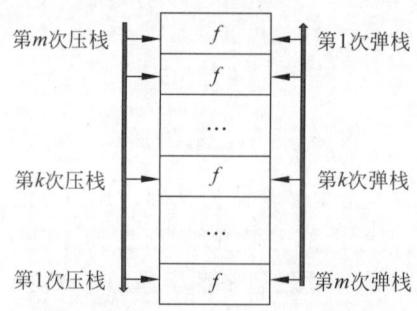

图 3.2 递归过程中的压栈、弹栈

1. 时间复杂度

递归函数是一个递归过程,从递归开始到递归结束,函数被调用的总数 $R(n)$ 是依赖于一个正整数 n 的函数。那么递归函数中基本操作被执行的总次数 $T(n)$ 就依赖于递归的总次数 $R(n)$ 和每次递归时基本操作被执行的总次数。因此要针对具体的递归函数计算其时间复杂度。

2. 空间复杂度

递归过程的压栈操作增加栈的长度,而弹栈操作减小栈的长度。需要注意的是,递归过程中压栈操作和弹栈操作可能交替地进行,直到栈的长度为 0(见例 3-2),所以需要计算出递归过程中某一时刻(某一次递归)栈出现的最大长度和每次递归中函数的局部变量所占的内存空间,即计算出栈的最大长度以及局部变量所占的全部内存空间,明确它们与依赖的正整数之间的关系,才能知道空间复杂度。大部分递归的空间复杂度通常是 $O(n)$,但也有的递归是 $\log_2 n$(见例 3-7)。

> **注意**:递归会让栈的长度不断发生变化,如果栈的长度较大可能导致栈溢出,使得进程(运行的程序)被操作系统终止。

3.2 线性与非线性递归

▶ 3.2.1 线性递归

线性递归是指每次递归时函数调用自身一次。

例 3-1 判断一年的第 n 天是星期几。

为了知道一年的第 n 天是星期几,需要知道第 $n-1$ 天是星期几。本例中 ALG3_1.py 中

的函数 $f(n)$ 是一个递归函数，即 $f(n)$ 需要等待 $f(n-1)$ 返回的值，才能计算出自己的返回值，即才会知道第 n 天是星期几，这就形成了递归调用。$f(n)$ 函数可以返回一年的第 n 天是星期几，其中返回值是 0 表示星期日，返回 1 表示星期一，……，返回 6 表示星期六。

ALG3_1.py

```python
def f(n,startWeekDay):
    if n == 1:
        return startWeekDay
    else:
        return (f(n-1,startWeekDay) + 1) % 7
```

递归函数 $f(n)$ 递归过程中的示意图如图 3.3 所示，向下方向的弧箭头表示函数被调用，向上方向的直箭头表示函数调用结束。图 3.4 示意了递归过程中压栈、弹栈操作产生的最长的栈。

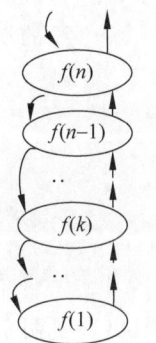

图 3.3　递归过程中函数的调用和结束

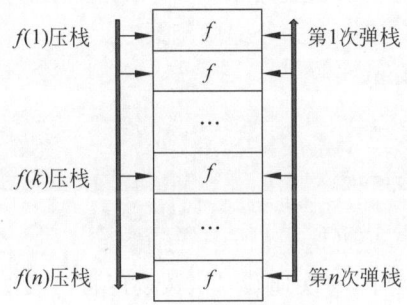

图 3.4　递归过程中最长栈的长度是 n

递归函数 $f(n)$ 的递归的总次数：

$$R(n) = n$$

每次递归只有两个基本操作，一个是关系表达式 $n=1$，另一个是 return 语句，所以递归函数 $f(n)$ 执行的基本操作总数是 $2 \times n$，即递归结束后，执行的基本操作总数是 $2 \times n$，因此 $f(n)$ 时间复杂度是 $O(n)$。

在递归的压栈操作过程中得到的栈的最大长度是 $R(n)=n$，每次递归只有两个局部变量：参数 n 和 startWeekDay，所占用的总内存是一个常量，例如 C，因此递归过程中占用的最大内存是 $C \times n$，所以空间复杂度是 $O(n)$。

可以把本例的递归算法类比为，如果你忘记了今天是星期几，就需要知道昨天是星期几，如此这般地向前翻日历，使得手中的日历越来越厚（相当于递归中的压栈，导致栈的长度在增加），直到翻到某个日历页上显示了星期几，就结束翻阅日历（相当于结束压栈），然后一页一页地撕掉日历（相当于弹栈），撕掉日历的过程中，日历上出现了星期数，例如星期日、星期五等，即函数依次计算出自己的返回值。不断地撕掉日历退回到今天，就知道了今天是星期几。

本例的 ch3_1.py 中，假设元旦是星期一，输出这一年的第 168 天是星期日，运行效果如图 3.5 所示。

如果元旦是星期一.
第 168 天是 星期日 .

图 3.5　使用递归算法输出星期

ch3_1.py

```python
from ALG3_1 import f
day = 168
```

```
m = f(day, 1)
print("如果元旦是星期一.")
days_of_week = ["星期日", "星期一", "星期二", "星期三", "星期四", "星期五", "星期六"]
print("第", day, "天是", days_of_week[m], ".")
```

▶ 3.2.2 非线性递归

非线性递归是指每次递归时函数调用自身2次或2次以上。

例 3-2 递归与 Fibonacci 序列。

Fibonacci 序列的特点是，前 2 项的值都是 1，从第 3 项开始，每项的值是前两项值的和。Fibonacci 序列如下：

1, 1, 2, 3, 5, 8, 13, 21, …

本例 ALG3_2.py 中的函数 $f(n)$ 返回参数 n 指定的 Fibonacci 序列第 n 项的值。$f(n)$ 需要知道第 $n-1$ 项的值和第 $n-2$ 项的值，即需要 $f(n-1)$ 和 $f(n-2)$ 的返回值，这就形成了递归调用，即 $f(n)$ 是一个递归函数。

ALG3_2.py

```
def f(n):
    if n == 1 or n == 2:
        return 1
    elif n >= 3:
        return f(n-1) + f(n-2)
```

递归过程中，每次递归时函数调用自身两次，使得每次递归出现了两个递归"分支"，然后选择一个分支，继续递归，直到该分支递归结束，再沿着下一分支继续递归，当两个分支都递归结束，递归过程才结束，而且递归过程交替地进行压栈和弹栈操作，直至栈的长度为 0。

递归过程可以用一个二叉树来刻画，二叉树的结点数目恰好是递归总数，如图 3.6 所示。该二叉树至少有 2^k-1 个结点($k<n$)，k 随着 n 的增大而增大。例如，参数 n 的值是 6 时（即求第 6 项的值时），调用函数的总次数（即递归的总次数）是 $2^4-1(n=6,k=4)$。在递归过程中 f(n) 被调用(压栈)和结束执行(弹栈)，其中向下方向的弧箭头表示函数被调用(压栈)，向上方向的直箭头表示函数结束(弹栈)。

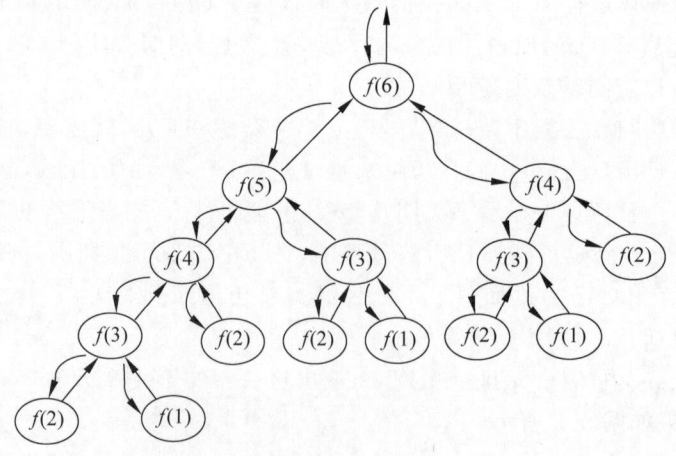

图 3.6 递归过程的二叉树示意图

k 随着 n 的增大而增大，在计算时间复杂度时可以设 $R(n)=2^n-1$，而每次递归的基本操作只有一个加法操作和一个 return 语句，即每次递归有两个基本操作，因此 f(n) 的执行过程（即递归过程）产生的基本操作的总次数 $T(n)$ 为

$$T(n) = R(n) = 2 \times (2^n - 1) = 2^{n+1} - 2$$

所以 f(n) 的时间复杂度是 $O(2^n)$。

递归过程是按照两个"分支"分别进行的，一个分支的递归结束（压栈、弹栈结束），再进行另一个分支的递归。递归形成的二叉树至少有 $2^k - 1$ 个结点($k < n$)，那么树的高度（或叫深度）至少是 k（这是二叉树的简单规律）。递归过程中交替进行压栈和弹栈操作，因此递归过程中栈的最大长度大于 k 小于 n，由于 k 随着 n 的增大而增大，因此 f(n) 的空间复杂度是 $O(n)$。图 3.6 中左侧的递归分支产生的压栈过程得到的最长栈如图 3.7 所示。

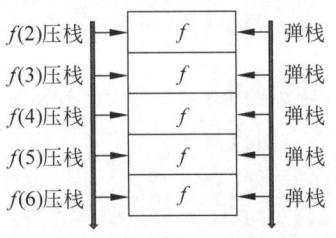

图 3.7 递归过程中的最长栈

注意：图 3.7 中 f(2) 弹栈后，f(3) 不马上弹栈，而是将 f(1) 压栈，即 f(1) 入栈。压栈、弹栈如此交替进行，直到递归结束。

本例的 ch3_2.py 中使用 ALG3_2.py 中的递归函数 $f(n)$ 输出 Fibonacci 序列的第 22 项，并计算了黄金分割的近似值，运行效果如图 3.8 所示。

图 3.8 计算 Fibonacci 的某一项

ch3_2.py

```
from ALG3_2 import f
item = 22
print("Fibonacci 序列第",item,"项是", f(item))
golden_ratio = round(f(19)/f(20), 3)
print("黄金分割近似值:",golden_ratio,"(保留3位小数)")
```

Fibonacci 序列可以解释青蛙跳台阶问题。假设有 n 级台阶，青蛙每次只可以跳一个台阶或两个台阶，问青蛙完成跳 n 级台阶的任务（跳到最后一个台阶上完成任务）一共有多少种跳法？

当 n 的值是 1 时，青蛙只有 1 种跳法，即跳一个台阶。当 n 的值是 2 时，青蛙有 2 种跳法：一种是每次跳一个台阶，另一种是每次跳两个台阶。当 n 的值是 3 时，青蛙可以选择先跳一个台阶，剩下的可能性跳法交给 $n-1$ 级台阶的情况；或者青蛙可以先跳两个台阶，剩下的可能性跳法交给 $n-2$ 级台阶的情况。即青蛙完成跳 n 级台阶的全部跳法总数（$n \geqslant 3$）满足 Fibonacci 序列，所以 Fibonacci 序列的第 $n+1$ 项的值就是青蛙跳 n 级台阶的全部跳法的总数。

注意：青蛙跳台阶使用递归是合理的，理由是跳台阶的各种可能性和起始方式有关，比如跳 4 级台阶，1,1,2 和 2,2 是不同的跳法。

从 Fibonacci 序列中还可以计算出黄金分割数的近似值：

$$f(n)/f(n+1)(n=1,2,\cdots)$$

的极限是黄金分割数（0.618…，一个无理数）。

3.3 问题与子问题

一个问题的子问题就是数据规模比此问题的规模更小的问题。当一个问题可以分解成许多子问题时，就可以考虑用递归算法来解决这个问题。

例 3-3　计算 $8+88+888+8888+\cdots$ 的前 n 项。

计算前 n 项和与计算前 $n-1$ 和就是问题和子问题的关系。如果解决了子问题,即算出了前 $n-1$ 项的和,那么前 n 项和的问题就解决了：前 n 项和等于前 $n-1$ 项的和乘以 10 再加上 $8 \times n$。

本例 ALG3_3.py 中的递归函数 sum(a, n) 返回形如

$$a + aa + aaa + aaaa + \cdots$$

的前 n 项和(a 是 1~9 中的某个数字)。递归函数 multi(n) 返回 $n!$ (n 的阶乘)。

ALG3_3.py

```
def sum(a, n):
    result = 0
    if n == 1:
        result = a
    elif n >= 2:
        result = sum(a, n-1) * 10 + n * a
    return result
def multi(n):
    result = -1
    if n == 1:
        result = 1
    elif n >= 2:
        result = multi(n-1) * n
    return result
```

不难计算出 sum(a, n) 和 multi(n) 的时间复杂度都是 $O(n)$。

```
8+88+888+…前5项和是98760
10的阶乘是3628800
```

图 3.9　计算连续和与阶乘

本例 ch3_3.py 使用 ALG3_3.py 中的递归函数计算了 $8+88+888+\cdots$ 的前 5 项的连续和以及 10！(10 的阶乘),运行效果如图 3.9 所示。

ch3_3.py

```
from ALG3_3 import sum,multi
a = 8
n = 5
m = 10
print(f"{a} + {a}{a} + {a}{a}{a} + …前{n}项和是{sum(a, n)}")
print(f"{m}的阶乘是{multi(m)}")
```

例 3-4　反转(倒置)字符序列。

本例中 ALG3_4.py 中的递归函数 reverse_string(s) 返回参数 s 中的反转(倒置)字符序列。倒置长度为 n 的字符序列 $s_1 s_2 \cdots s_n$,这一问题的子问题是反转长度为 $n-1$ 的字符序列:$s_2 s_3 \cdots s_n$,将字符 s_1 放在反转后的字符序列 $s_n s_{n-1} \cdots s_2$ 的后面,变成 $s_n s_{n-1} \cdots s_1$,就解决了反转长度为 n 的字符序列问题。这一问题的子问题也可以是反转长度为 $n-1$ 的字符序列:$s_1 s_2 \cdots s_{n-1}$,将字符 s_n 放在反转后的字符序列 $s_{n-1} s_{n-2} \cdots s_1$ 的前面变成 $s_n s_{n-1} \cdots s_1$,就解决了反转长度为 n 的字符序列问题。

ALG3_4.py

```
def reverse_string(s):
    if len(s) <= 1:
        return s
    else:
        return reverse_string(s[1:]) + s[0]
```

不难计算出 reverse_string(s) 的时间复杂度和空间复杂度都是 $O(n)$。

本例的 ch3_4.py 使用 ALG3_4.py 中的 reverse_string(s) 得到一个字符序列的反转(倒置),并判断一个英文单词是否是回文单词(回文单词和它的反转相同),运行效果如图 3.10 所示。

图 3.10　反转字符序列

ch3_4.py

```
from ALG3_4 import reverse_string
str1 = "ABCDEFG"
reversed_str1 = reverse_string(str1)
print(str1)
print(reversed_str1)
str2 = "racecar"
reversed_str2 = reverse_string(str2)
if str2 == reversed_str2:
    print(str2, "是回文单词.")
else:
    print(str2, "不是回文单词.")
```

3.4　递归与迭代

递归的思想是根据上一次操作的结果来确定当前操作的结果,比如当前结果与上一次结果相同或需要根据上一次结果来确定本次操作的结果。迭代的思想是根据当前操作的结果来确定下一次操作的结果。对于解决相同的问题,递归代码简练,容易理解解决问题的思路或发现数据的内部逻辑规律,具有很好的可读性。迭代代码可能比较复杂,处理数据的过程也可能比较复杂,所以迭代代码不如递归简练。对于递归算法能解决的问题,也可以用迭代算法解决。由于迭代不涉及函数的递归调用,所以通常情况下递归算法的空间复杂度会大于迭代的复杂度,当递归过程的递归总数(也称递归总数为递归深度)较大时会导致栈溢出。

例 3-5　计算圆周率的近似值。

下列无穷级数的和是圆周率的 1/4。

$$1 - \frac{1}{3} + \frac{1}{5} - \frac{1}{7} + \cdots$$

本例的 ALG3_5.py 中的 recursion_method(n) 函数和 iteration_method(n) 函数都用来返回圆周率的近似值。recursion_method(n) 函数使用的是递归,iteration_method(n) 函数使用的是迭代。

ALG3_5.py

```
def recursion_method(n):
    sum = 0
    if n == 1:
        sum = 1
    elif n % 2 == 0:
        sum = recursion_method(n-1) - 1.0 / (2 * n - 1)
    else:
        sum = recursion_method(n-1) + 1.0 / (2 * n - 1)
    return sum
def iteration_method(n):
    sum = 0
    for i in range(1, n+1):
        if i % 2 == 0:
            sum -= 1.0 / (2 * i - 1)
        else:
```

```
            sum += 1.0 / (2 * i - 1)
    return sum
```

不难计算出基于递归的 recursion_method(n) 函数的时间复杂度和空间复杂度都是 $O(n)$。基于迭代的 iteration_method(n) 函数的时间复杂度是 $O(n)$，空间复杂度是 $O(1)$。

本例的 ch3_5.py 使用 ALG3_5.py 中的函数计算圆周率的近似值，运行效果如图 3.11 所示。

```
递归深度999,计算圆周率(保留6位小数): 3.142594
迭代次数9999999,计算圆周率(保留6位小数): 3.141593
```

图 3.11　计算圆周率的近似值

ch3_5.py

```
from ALG3_5 import recursion_method,iteration_method
n = 999
pi = recursion_method(n) * 4
print(f"递归深度{n},计算圆周率(保留 6 位小数):{pi:.6f}")
n = 9999999
pi = iteration_method(n) * 4
print(f"迭代次数{n},计算圆周率(保留 6 位小数):{pi:.6f}")
```

注意：递归算法可能导致栈溢出，在 ch2_3.py 中，当 n 的值较大时递归算法会导致栈溢出，例如，本机当 n 是 1000 就会导致栈溢出（这与 Java 或 C++ 的等效代码相差甚远）。

例 3-6　判断某个数是否是有序数组的元素值。

第 2 章的例 2-9 的 ALG2_9.py 中的 binary_search(array,number) 函数使用迭代法判断 number 是否是有序数组 array 的元素值。本例的 ALG3_6.py 中的 binary_search_recursive(array,number,start,end) 使用递归判断 number 是否是有序数组 array 的元素值，递归的时间复杂度是 $O(\log n)$，空间复杂度是 $O(n)$（时间复杂度和空间复杂度和例 2-9 中的迭代函数 binary_search(array,number) 的相同）。

ALG3_6.py

```
def binary_search_recursive(array, number, start, end):
    if start > end:
        return -1
    else:
        mid = (start + end) // 2
        mid_value = array[mid]
        if number == mid_value:
            return mid
        elif number < mid_value:
            return binary_search_recursive(array, number, start, mid - 1)
        else:
            return binary_search_recursive(array, number, mid + 1, end)
```

二分法在处理数据时处理的数据量每次减少一半，递归的总次数 k 的最大可能取值就是使得数组的长度是 1（见例 2-9），即

$$\frac{n}{2^k} = 1, \quad k = \log_2 n$$

所以递归的总次数 $R(n)$ 的最大取值是 $\log_2 n$。由于每次递归的基本操作总数是一个常量，例如 C，因此递归过程的基本操作的总次数

$$T(n) = C \times \log_2 n$$

所以 binary_search_recursive(array,number,start,end)的时间复杂度是 $O(\log_2 n)$。

算法中影响空间复杂度的是一维数组 array 的长度 n，因此空间复杂度是 $O(n)$。

本例的 ch3_6.使用 binary_search_recursive(array, number,start,end) 函数判断一些数是否是有序数组 array 的元素值，运行效果如图 3.12 所示。

```
-11 1 12 56 89 100 128 128 129 199 200 289
-11在数组中,数组索引位置是0
128在数组中,数组索引位置是6
11不在数组中
129在数组中,数组索引位置是8
289在数组中,数组索引位置是11
```

图 3.12 判断某个数是否在数组中

ch3_6.py

```python
from ALG3_6 import binary_search_recursive
import array
number = [-11, 128, 11, 129, 289]
a = array.array('i',[128, 129, 199, 200, 289, -11, 1, 12, 56, 89, 100, 128])
a = sorted(a)
for num in a:
    print(num,end = " ")
print()
for num in number:
    index = binary_search_recursive(a, num, 0, len(a) - 1)
    if index == -1:
        print(f"{num}不在数组中")
    else:
        print(f"{num}在数组中,数组索引位置是{index}")
```

例 3-7 求两个正整数的最大公约数。

第 2 章的例 2-10 的 ALG2_10.py 中的 gcd(n,m)函数返回两个正整数 m 和 n 的最大公约数。本例中 ALG3_7.py 中的 gcd_recursive(n,m)函数使用的是递归。两者都是求两个正整数的最大公约数，但例 2-10 中的 gcd(n,m)函数(迭代法)的空间复杂度是 $O(1)$，这里的递归函数 gcd_recursive(n,m)的空间复杂度是 $O(\log_2 n)$。二者的时间复杂度都是 $O(\log_2 n)$。

本例的 gcd_recursive 函数的代码要比例 2-10 中的 gcd(n,m)函数能更简练地体现辗转相除：如果 $n\%m(n\geqslant m)$ 不是 0，那么 n 和 m 的最大公约数与 m 和 $n\%m$ 的最大公约数相同。如果 $n\%m$ 等于 0，二者的最大公约数就是 m。

ALG3_7.py

```python
import math
def gcd_recursive(n, m):
    n = abs(n)
    m = abs(m)
    if n % m == 0:
        return m
    else:
        return gcd_recursive(m, n % m)
```

由于 $n\%m$ 小于 $n/2$，即辗转相除都会使得 n 的值减小至少二分之一(减少至少一半)，那么，递归总次数 k 会满足：

$$\frac{n}{2^k}=1, \quad k=\log_2 n$$

即栈的最大长度是 $\log_2 n$，因此空间和时间复杂度都是 $O(\log_2 n)$。

本例的 ch3_7.py 使用 ALG3_7.py 中的递归函数 gcd_recursive 输出两个正整数的最大公约数，运行效果如图 3.13 所示。

```
6,12的最大公约数6.
63,42的最大公约数21.
```

图 3.13 求最大公约数

ch3_7.py

```
from ALG3_7 import gcd_recursive
a = 6
b = 12
print(f"{a},{b}的最大公约数{gcd_recursive(a, b)}.")
a = 63
b = 42
print(f"{a},{b}的最大公约数{gcd_recursive(a, b)}.")
```

3.5 多重递归

所谓多重递归,是指一个递归函数调用另一个或多个递归函数,我们称这样的递归函数为多重递归函数。

这里用一个数字问题来说明多重递归:求 n 位十进制数中含有偶数个 6 的数(即数的某位上是数字 6)的个数,但不要求输出含有偶数多个 6 的数。两位十进制数中含有偶数多个 6 的数的个数是 1 个(66 含有两个 6),含有奇数个 6 的数的个数是 17 个:

16,26,36,46,56,60,61,62,63,64,65,67,68,69,76,86,96

用 $a(n)$ 表示 n 位十进制数中含有偶数个 6 的数的个数,$b(n)$ 表示 n 位十进制数中含有奇数个 6 的数的个数。$c(n)$ 表示 n 位十进制数中不含有 6 的数的个数。

对于 $n \geqslant 2$,有下列递推关系成立,这里的"="是数学意义的等号:

$$a(n) = 9 \times a(n-1) + b(n-1)$$
$$b(n) = 9 \times b(n-1) + a(n-1) + c(n-1)$$
$$c(n) = 9 \times c(n-1)$$

非常容易证明上述等式,因为对于任意一个 $(n-1)$ 位十进制数,例如 $a_1 a_2 \cdots a_{n-1}$,如果 $a_1 a_2 \cdots a_{n-1}$ 中出现了偶数个 6,那么 n 位十进制数 $a_1 a_2 \cdots a_{n-1} p (p=1,2,3,4,5,7,8,9,0)$,即 p 取 6 以外的其他数字,都出现了偶数个 6。如果 $a_1 a_2 \cdots a_{n-1}$ 中出现了奇数个 6,那么 n 位十进制数 $a_1 a_2 \cdots a_{n-1} 6$ 就出现了偶数个 6。所以有

$$a(n) = 9 \times a(n-1) + b(n-1)$$

另外两个等式的论证道理类似。如果 $a(n),b(n)$ 对应到递归函数,那么所对应的递归函数就都是多重递归函数。

例 3-8 求 n 位十进制数中含有偶数个 6、奇数个 6 以及不含有 6 的数的个数。

本例的 ALG3_8.py 中的 $a(n)$ 函数和 $b(n)$ 函数是多重递归函数,不难验证二者的时间复杂度都是 $O(2^n)$,空间复杂度都是 $O(n)$(验证方法和例 3-2 类似)。

ALG3_8.py

```
#返回 n 位十进制中出现偶数个 6 的数的个数
def a(n):
    result = 0
    if n == 1:
        result = 0
    elif n == 2:
        result = 1
    elif n > 2:
        result = 9 * a(n - 1) + b(n - 1)
    return result
#返回 n 位十进制中出现奇数个 6 的数的个数
```

```
def b(n):
    result = 0
    if n == 1:
        result = 1
    elif n == 2:
        result = 17
    elif n > 2:
        result = 9 * b(n - 1) + a(n - 1) + c(n - 1)
    return result
#返回n位十进制中未出现6的数的个数
def c(n):
    result = 0
    if n == 1:
        result = 9
    elif n == 2:
        result = 72
    else:
        result = 9 * c(n - 1)
    return result
```

本例的 ch3_8.py 使用 ALG3_8.py 中的多重递归函数,输出 8 位十进制数中出现偶数个 6、奇数个 6 以及不含有 6 的数的个数等信息,运行效果如图 3.14 所示。

```
8位十进制数中出现偶数个数字6的个数是14076280。
8位十进制数中出现奇数个数字6的个数是37659968。
8位十进制数中未出现数字6的个数是38263752。
8位数一共有:90000000个。
```

图 3.14 输出数字的有关信息

ch3_8.py

```
from ALG3_8 import a,b,c
n = 8
sum = 0
count = a(n)
sum += count
print(f"{n}位十进制数中出现偶数个数字6的个数是{count}.")
count = b(n)
sum += count
print(f"{n}位十进制数中出现奇数个数字6的个数是{count}.")
count = c(n)
sum += count
print(f"{n}位十进制数中未出现数字6的个数是{count}.")
print(f"{n}位数一共有:{sum}个.")
```

3.6 经典递归

递归算法不仅能使得代码简练,容易理解解决问题的思路或发现数据的内部逻辑规律,而且具有很好的可读性。本节通过杨辉三角形、老鼠走迷宫和汉诺塔 3 个经典的递归进一步体会递归算法。特别是汉诺塔递归,通过其递归算法能洞悉数据规律,给出相应的迭代算法。

▶ 3.6.1 杨辉三角形

杨辉三角形形式如下:

1
1 1
1 2 1

```
1 3 3 1
1 4 6 4 1
1 5 10 10 5 1
...
```

杨辉三角形最早出现于中国南宋的数学家杨辉在1261年所著的《详解九章算法》中。法国数学家帕斯卡(Pascal)在1654年发现该三角形，因此又称帕斯卡三角形。

例3-9 输出杨辉三角形。

按照编程语言的习惯，行、列的索引都是从0开始的。杨辉三角形的主要规律：杨辉三角形第0行有1个数，第1行有2个数，……，第n行有$n+1$个数，第n行的第0列和最后一列的数都是1，即第0列和第n列的数都是1。用$C(n,j)$表示第n行、第j列的数($j=0,\cdots,n$)，那么递归如下：

$$C(n,0)=1, \quad C(n,j)=C(n-1,j-1)+C(n-1,j)(0<j<n), \quad C(n,n)=1$$

(3-1)

本例中ALG3_9.py中的$C(n,j)$函数是依据公式(3-1)的递归算法，可以计算杨辉三角形第n行、第j列上的数，即该函数返回杨辉三角形第n行、第j列上的数。

在组合数学中，对于二项式系数有一个经典的公式，即对杨辉三角的第n行、第j列($j=0,\cdots,n$)的数$Y(n,j)$，有如下递归：

$$Y(n,0)=1, \quad Y(n,j)=Y(n,j-1)\times(n-j+1)/j(j>0,j<n), \quad Y(n,n)=1$$

(3-2)

ALG3_9.py中的$Y(n,j)$函数依据式(3-2)的递归算法，可以计算杨辉三角形第n行、第j列上的数，即该函数返回杨辉三角形第n行、第j列上的数。

ALG3_9.py

```python
def C(n, j):
    result = 0
    if j == 0 or j == n:  # 每行的第0列和第n列上的数都是1
        result = 1
    else:
        result = C(n - 1, j - 1) + C(n - 1, j)
    return result
def Y(n, j):
    result = 0
    if j == 0 or j == n:  # 每行的第0列和第n列上的数都是1
        result = 1
    elif 0 < j < n:
        result = Y(n, j - 1) * (n - j + 1) // j
    return result
```

$C(n,j)$递归算法属于非线性递归，时间复杂度是$O(n^2)$，空间复杂度是$O(n)$。因为杨辉三角形的前n行里一共有$n(n+1)/2$个数，递归过程中函数被调用的总次数是$n(n+1)/2$，所以$C(n,j)$的时间复杂度是$O(n^2)$。递归过程中，根据

$$C(n,j)=C(n-1,j-1)+C(n-1,j)$$

可知，一个递归分支当栈的长度达到n时就会依次弹栈，返回到上一个递归分支，因此空间复杂度是$O(n)$。

$Y(n,j)$递归属于线性递归，时间复杂度是$O(n)$，空间复杂度是$O(n)$。因为函数被调用的总次数是n，所以$Y(n,j)$的时间复杂度是$O(n)$。递归过程可以看出压栈导致栈的长度最大是n，因此空间复杂度是$O(n)$。

本例的ch3_9.py输出了杨辉三角形的前9行，并比较了$C(n,j)$递归函数和$Y(n,j)$递归

函数计算第 n 行、第 j 列上的数的耗时。时间复杂度是 $O(n)$ 的耗时明显小于时间复杂度是 $O(n^2)$ 的耗时，运行效果如图 3.15 所示。

```
    1
    1   1
    1   2   1
    1   3   3   1
    1   4   6   4   1
    1   5  10  10   5   1
    1   6  15  20  15   6   1
    1   7  21  35  35  21   7   1
    1   8  28  56  70  56  28   8   1
线性递归求第28行,第14列40116600的耗时是0(毫秒)
非线性递归求第28行,第14列40116600的耗时是6825(毫秒)
```

图 3.15　输出杨辉三角形的前 9 行，比较了两个递归的耗时

ch3_9.py

```
from ALG3_9 import C,Y
import time
row = 8
for n in range(row + 1):              #输出杨辉三角形的前 row+1 行
    for j in range(n + 1):
        result = Y(n, j)
        print(f"{result:5d}", end = "")
    print()
m = 28
j = m // 2
start = time.time()                   #开始执行的时间点
result = Y(m, j)
end = time.time()                     #结束的时间点
time_used = (end - start) * 1000      #转换为毫秒
print(f"线性递归求第{m}行,第{j}列{result}的耗时是{time_used:.0f}(毫秒)")
start = time.time()                   #开始执行的时间点
result = C(m, j)
end = time.time()                     #结束的时间点
time_used = (end - start) * 1000      #转换为毫秒
print(f"非线性递归求第{m}行,第{j}列{result}的耗时是{time_used:.0f}(毫秒)")
```

▶ 3.6.2　老鼠走迷宫

用列表模拟迷宫，列表元素值是 1 表示墙，0 表示路，2 表示出口。

假设老鼠走迷宫的递归函数是 move(a,rows,cols,i,j)，老鼠在迷宫某点 $p=(i,j)$ 的递归办法是，首先从 p 点向东调用 move()，如果找到出口，move() 返回 1，结束递归；如果从 p 点向东无法找到出口，返回 0 结束递归，再从 p 点向南调用 move()，如果找到出口，move() 返回 1，结束递归；如果从 p 点向南无法找到出口，返回 0 结束递归，再从 p 点向西调用 move()，如果找到出口，move() 返回 1，结束递归；如果从 p 点向西无法找到出口，返回 0 结束递归，再从 p 点向北调用 move()，如果找到出口，move() 返回 1，结束递归，否则返回 0 结束递归。

如果 move() 最后返回的值是 1，说明老鼠找到出口，否则说明迷宫没有出口。

例 3-10　模拟老鼠走迷宫。

本例的 ALG3_10.py 中的 move(a,rows,cols,i,j) 是老鼠走迷宫的函数，该函数是一个递归函数。

ALG3_10.py

```
def move(a, rows, cols, i, j):
    isOut = 0
    if a[i][j] == 2:                  #出口
        isOut = 1
    elif a[i][j] == 0:
```

```
            a[i][j] = -1                              #用-1标记此点已经递归过,即老鼠走过了该点
            t = min(j + 1, cols - 1)                  #东
            roadOrOut = a[i][t] == 0 or a[i][t] == 2  #是路或出口
            if roadOrOut and move(a, rows, cols, i, t):
                isOut = 1
                return isOut
            t = min(i + 1, rows - 1)                  #南
            roadOrOut = a[t][j] == 0 or a[t][j] == 2
            if roadOrOut and move(a, rows, cols, t, j):
                isOut = 1
                return isOut
            t = max(j - 1, 0)                         #西
            roadOrOut = a[i][t] == 0 or a[i][t] == 2
            if roadOrOut and move(a, rows, cols, i, t):
                isOut = 1
                return isOut
            t = max(i - 1, 0)                         #北
            roadOrOut = a[t][j] == 0 or a[t][j] == 2
            if roadOrOut and move(a, rows, cols, t, j):
                isOut = 1
                return isOut
    return isOut
```

不难验证 move(a,rows,cols,i,j)算法的时间复杂度是 $O(n^2)$,空间复杂度也是 $O(n^2)$。

本例的 ch3_10.py 使用 ALG3_10.py 中的 move(a,rows,cols,i,j)函数走迷宫。老鼠走过迷宫后,输出老鼠走过的路时,用 m 表示老鼠走过的路,Y 表示老鼠到达的出口,运行效果如图 3.16 所示。

```
迷宫数据:0表示路,1表示墙,2表示出口.
0 0 0 1 1 1 1
1 0 0 0 0 1 1
1 1 0 1 0 0 1
1 0 0 0 1 1 1
1 0 0 0 0 2 1
老鼠走迷宫过程:m表示走过的路,Y是到达的出口.
  m m m 1 1 1 1
  1 0 m m m 1 1
  1 1 m 1 m m 1
  1 0 m m m 1 1
  1 0 0 m m Y 1
老鼠成功走出迷宫
```

图 3.16 老鼠走迷宫

ch3_10.py

```python
from ALG3_10 import move
a = [[0, 0, 0, 1, 1, 1, 1],
     [1, 0, 0, 0, 0, 1, 1],
     [1, 1, 0, 1, 0, 0, 1],
     [1, 0, 0, 0, 1, 1, 1],
     [1, 0, 0, 0, 0, 2, 1]]          #用列表模拟5行7列的迷宫
print("迷宫数据:0 表示路,1 表示墙,2 表示出口.")
for row in a:
    for cell in row:
        print(cell, end = " ")
    print()
print()
rows = len(a)                         #获取行数
cols = len(a[0])                      #获取列数
isOut = move(a, rows, cols, 0, 0)
print("老鼠走迷宫过程:m 表示走过的路,Y 是到达的出口.")
for row in a:
    for cell in row:
```

```
            if cell == -1:                    # -1 表示老鼠走过的路
                print("%3c" % 'm', end = "")
            elif cell == 2:  # 出口
                print("%3c" % 'Y', end = "")
            else:
                print("%3d" % cell, end = "")
        print()
    if isOut:
        print("老鼠成功走出迷宫")
```

▶ 3.6.3 汉诺塔

汉诺塔(Hanoi Tower)问题是来源于印度的一个古老问题。有名字为 A、B、C 的三个塔，A 塔上有从小到大的 64 个盘子，每次搬运一个盘子，最后要把 64 个盘子搬运到 C 塔。在搬运过程中，可以把盘子暂时放在 3 个塔中的任何一个上，但不允许大盘放在小盘上面。3 个盘子的汉诺塔如图 3.17 所示。

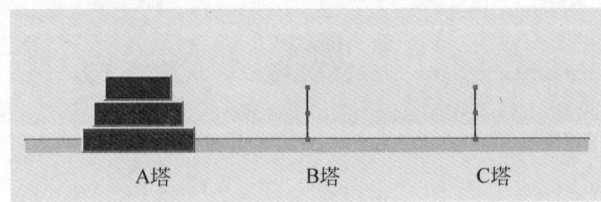

图 3.17 3 个盘子的汉诺塔

1. 汉诺塔的递归算法

递归算法如下：

(1) 如果 A 塔只有一个盘子，直接将盘子搬运到 C 塔。

(2) 如果盘子的数目 n 大于 1，首先将 $n-1$ 个盘子从 A 塔搬运到 B 塔，然后将第 n 个盘子从 A 塔搬运到 C 塔，最后将 $n-1$ 个盘子从 B 塔搬运到 C 塔。

3 个盘子的汉诺塔的搬运过程如图 3.18 所示。

例 3-11 汉诺塔的递归算法。

本例的 ALG3_11.py 中的 moveDish(n,A,B,C)是搬运盘子的递归函数。

ALG3_11.py

```
def moveDish(n, A, B, C):
    if n == 1:
        print("从%c塔搬运%d号盘到%c塔" % (A, n, C))
    else:
        moveDish(n-1, A, C, B)
        print("从%c塔搬运%d号盘到%c塔" % (A, n, C))
        moveDish(n-1, B, A, C)
```

如果汉诺塔有 n 个盘子，那么需要搬动 2^n-1 次，所以不难验证 moveDish(n,A,B,C)的时间复杂度是 $O(2^n)$，空间复杂度是 $O(n)$（验证方法见例 3-2）。

本例的 ch3_11.py 使用 ALG3_11.py 中的 moveDish(n,A,B,C)函数搬运 3 个盘子的汉诺塔和 4 个盘子的汉诺塔，运行效果如图 3.19 所示。

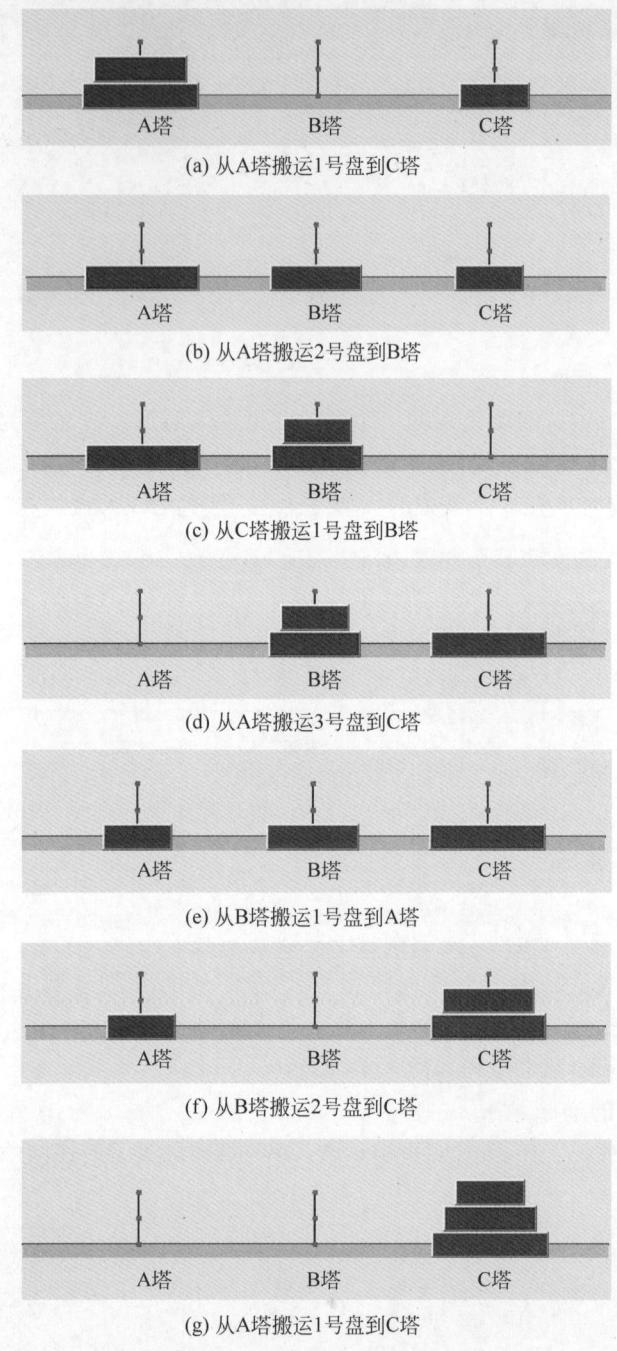

图 3.18 搬运 3 个盘子的汉诺塔

ch3_11.py

```
from ALG3_11 import moveDish
n = 3
print("汉诺塔有 %d 个盘子" % n)
moveDish(n, 'A', 'B', 'C')
n = 4
print("汉诺塔有 %d 个盘子" % n)
moveDish(n, 'A', 'B', 'C')
```

2. 汉诺塔的迭代算法

在 3.4 节讲过，递归的代码简练，容易理解解决问题的思路或发现数据的内部逻辑规律，具有很好的可读性。迭代的代码可能比较复杂，处理数据的过程也可能比较复杂，所以迭代的代码不如递归简练。

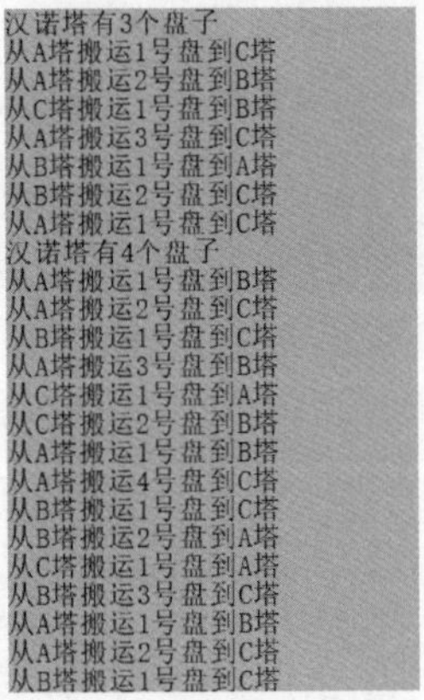

```
汉诺塔有3个盘子
从A塔搬运1号盘到C塔
从A塔搬运2号盘到B塔
从C塔搬运1号盘到B塔
从A塔搬运3号盘到C塔
从B塔搬运1号盘到A塔
从B塔搬运2号盘到C塔
从A塔搬运1号盘到C塔
汉诺塔有4个盘子
从A塔搬运1号盘到B塔
从A塔搬运2号盘到C塔
从B塔搬运1号盘到C塔
从A塔搬运3号盘到B塔
从C塔搬运1号盘到A塔
从C塔搬运2号盘到B塔
从A塔搬运1号盘到B塔
从A塔搬运4号盘到C塔
从B塔搬运1号盘到C塔
从B塔搬运2号盘到A塔
从C塔搬运1号盘到A塔
从B塔搬运3号盘到C塔
从A塔搬运1号盘到B塔
从A塔搬运2号盘到C塔
从B塔搬运1号盘到C塔
```

图 3.19　递归法搬运盘子

在给出汉诺塔的迭代算法之前，先总结一下汉诺塔问题中的一些规律。

(1) n 个盘子的汉诺塔需要搬运 2^n-1 次。

(2) 搬运的盘子的号码依次对应着 $1\sim2^{n+1}-1$ 中从小到大的偶数的二进制的尾部(低位)连续的 0 的个数。自然数的奇数的二进制的个位是 1，偶数是 0。例如盘子数目是 3，依次搬运的盘子的号码与二进制的尾部连续 0 的个数的对应关系如表 3.1 所示。

表 3.1　盘子的号码与二进制的尾部连续 0 的个数的对应表

依次搬运的盘子的号码	偶数的十进制	偶数的二进制	尾部连续 0 的个数
1	2	10	1
2	4	100	2
1	6	110	1
3	8	1000	3
1	10	1010	1
2	12	1100	2
1	14	1110	1

根据表 3.1，在搬运盘子的过程中，搬运的盘号依次是(如前面图 3.18 所示)：

1,2,1,3,1,2,1

(3) 二进制的尾部连续 0 的个数，每隔一次这个数目就是 1。也就是说，在搬运盘子的过程中，每隔一次就要搬动一次 1 号盘(盘号最小的盘)。

(4) 1 号盘的移动规律是：如果盘子的数目 n 是奇数，1 号盘找目标塔的规律是 CBA 的循环次序。如果 n 是偶数，1 号盘找目标塔的规律是 BCA 的循环次序。

(5) 当搬运大号盘时(盘号大于或等于 2)，上一次搬运的一定是 1 号盘(理由见(3))，所以搬运大号盘的目标塔，一定不是上一次搬运 1 号盘的目标塔(大盘不能放在小盘上)。

注意：实际上，这些规律都是人们通过研究汉诺塔的递归算法发现的，也就是通过递归可以发现数据的内部逻辑规律。

一个偶数通过不断地右位移可计算出尾部连续 0 的个数，例如 8 的二进制 1000 右位移 3 次，得到奇数，因此知道 8 的二进制尾部连续 0 的个数是 3。

例 3-12　汉诺塔的迭代算法。

根据迭代法的规律，本例给出汉诺塔的迭代算法。本例 ALG3_12.py 中的 moveDish(n) 函数是迭代算法。不难验证 moveDish(n)的时间复杂度是 $O(2^n)$，空间复杂度是 $O(1)$。

尽管本例的 moveDish(n)的时间复杂度和例 3-11 中的递归算法相同，空间复杂度低于递归算法，但简练性和可读性远远不如递归算法。在内存允许的范围内，还是递归算法更好。

ALG3_12.py

```python
from collections import deque
import math
def getZeroCount(n):
    count = 0
    if n % 2 == 0:
        while n % 2 != 1:
            n = n >> 1
            count += 1
    return count
def moveDish(n):
    deque_tower_name = deque() #队列,存放目标塔的名字
    A = [] #列表,模拟A塔
    B = [] #列表,模拟B塔
    C = [] #列表,模拟C塔
    if n % 2 != 0:
        deque_tower_name.extend(['C', 'B', 'A'])
    else:
        deque_tower_name.extend(['B', 'C', 'A'])
    for i in range(n, 0, -1): #初始状态,盘子都在A塔上
        A.append(i)
    for i in range(1, int(math.pow(2, n))):
        dishNumber = getZeroCount(2 * i) # 盘号
        if dishNumber == 1:
            target = deque_tower_name.popleft()
            deque_tower_name.append(target)
            if dishNumber in A:
                print("从A塔搬运%d号盘到%c塔" % (dishNumber, target))
                if target == 'C':
                    C.append(A.pop())
                elif target == 'B':
                    B.append(A.pop())
            elif dishNumber in B:
                print("从B塔搬运%d号盘到%c塔" % (dishNumber, target))
                if target == 'A':
                    A.append(B.pop())
                elif target == 'C':
                    C.append(B.pop())
            elif dishNumber in C:
                print("从C塔搬运%d号盘到%c塔" % (dishNumber, target))
                if target == 'A':
                    A.append(C.pop())
                elif target == 'B':
                    B.append(C.pop())
        elif dishNumber >= 2:
            notTarget = deque_tower_name[-1]
            if dishNumber in A:
                if notTarget == 'C':
                    B.append(A.pop())
                    print("从A塔搬运%d号盘到%c塔" % (dishNumber, 'B'))
                elif notTarget == 'B':
                    C.append(A.pop())
                    print("从A塔搬运%d号盘到%c塔" % (dishNumber, 'C'))
            elif dishNumber in B:
                if notTarget == 'C':
                    A.append(B.pop())
                    print("从B塔搬运%d号盘到%c塔" % (dishNumber, 'A'))
                elif notTarget == 'A':
                    C.append(B.pop())
```

```python
                    print("从B塔搬运%d号盘到%c塔" % (dishNumber, 'C'))
                elif dishNumber in C:
                    if notTarget == 'A':
                        B.append(C.pop())
                        print("从C塔搬运%d号盘到%c塔" % (dishNumber, 'B'))
                    elif notTarget == 'B':
                        A.append(C.pop())
                        print("从C塔搬运%d号盘到%c塔" % (dishNumber, 'A'))
```

本例的 ch3_12.py 使用 ALG3_12.py 中的 moveDish(n) 函数搬运 3 个盘子的汉诺塔和 4 个盘子的汉诺塔，运行效果如图 3.20 所示。

ch3_12.py

```python
from ALG3_12 import moveDish
print("迭代法搬运盘子")
n = 3
print("汉诺塔有%d个盘子" % n)
moveDish(n)
n = 4
print("汉诺塔有%d个盘子" % n)
moveDish(n)
```

注意：本例用到了 collections 模块提供的队列 deque（这里的用法相对简单，容易理解），其详细知识点见第 7 章。

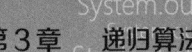

图 3.20 迭代法搬运盘子

3.7 优化递归

在 3.2 节讲解了非线性递归，即每次递归时函数调用自身两次或两次以上。非线性递归可以形成多个递归分支，即形成多个子递归过程。例如 3.2 节的例 3-2 的 ALG3_2.py 中的函数 $f(n)$（求 Fibonacci 序列的第 n 项）形成了两个递归分支：$f(n-1)$ 和 $f(n-2)$。

为了完成 $f(n)$ 的调用，递归过程中需要将 $f(n-1)$ 分支进行完毕再进行 $f(n-2)$ 分支。注意，在进行 $f(n-1)$ 分支递归时会完成 $f(n-2)$ 分支递归，那么再进行 $f(n-2)$ 分支就是一个重复的递归过程。

优化递归是在每次递归开始前，首先到某个对象中，例如字典中，查找本次递归是否已经实施完毕，即是否已经有了递归结果，如果字典中已经有了本次递归的结果，就直接使用这个结果，不再浪费时间进行本次递归，否则就执行本次递归，并将递归结果保存到字典。简而言之，优化递归就是避免重复子递归。

优化递归是典型的用空间换取时间的策略（需要额外地存储某些递归结果）。优化递归通常不会改变空间的复杂度，但一定可以降低时间复杂度，甚至可以将指数复杂度降低为线性或多项式复杂度。许多非线性递归的时间复杂度都是指数复杂度，例如例 3-2 中计算 Fibonacci 序列的递归算法，其时间复杂度是 $O(2^n)$。

例 3-13 优化 Fibonacci 序列的递归算法。

本例的 ALG3_13.py 给出了优化的 Fibonacci 序列的递归算法，使得其时间复杂度是 $O(n)$，而例 3-2 的 ALG3_2.py 中计算 Fibonacci 序列的递归函数 $f(n)$ 的时间复杂度是 $O(2^n)$。本例的递归函数避免了重复子递归，那么当 n 的值较大时，优化递归的耗时明显小于未优化的耗时，两者的空间复杂度都是 $O(n)$。

ALG3_13.py

```python
import time
hash_map = {}  #用字典优化递归
def f_optimize(n):
    result = -1
    if n == 1 or n == 2:
        result = 1
    elif n >= 3:
        if n in hash_map:
            result = hash_map[n]
        else:
            result = f_optimize(n-1) + f_optimize(n-2)
            hash_map[n] = result
    return result
def f(n):  #未优化的递归
    if n == 1 or n == 2:
        return 1
    else:
        return f(n-1) + f(n-2)
```

本例 ch3_13.py 比较了例 3-2 的 ALG3_2.py 中的未优化的递归函数 $f(n)$ 和本例 ALG3_13.py 中优化后的递归函数 $f\_optimize(n)$ 的运行耗时，运行效果如图 3.21 所示。

```
优化求第35项9227465的用时是0.0000000000(秒)
未优化求第35项9227465的用时是1.3082036972(秒)
```

图 3.21　Fibonacci 的优化和未优化递归的耗时

ch3_13.py

```python
from ALG3_13 import f_optimize, f
import time
item = 35
start_time = time.time()
result = f_optimize(item)
end_time = time.time()
duration_optimized = end_time - start_time
print("优化求第%d项%d的用时是%1.10f(秒)" % (item, result, duration_optimized))
start_time = time.time()
result = f(item)
end_time = time.time()
duration_unoptimized = end_time - start_time
print("未优化求第%d项%d的用时是%1.10f(秒)" % (item, result, duration_unoptimized))
```

例 3-14　优化杨辉三角形的递归算法。

本例中的 ALG3_14.py 中的递归函数 $C\_optimize(n,j)$ 是计算杨辉三角形的优化递归算法，其时间复杂度是 $O(n)$，而例 3-9 的 ALG3_9.py 中计算杨辉三角形的递归函数 $C(n,j)$ 是未优化递归算法，其时间复杂度是 $O(n^2)$；二者的空间复杂度都是 $O(n)$。

ALG3_14.py

```python
table = {}                      #使用字典table来优化递归
def C_optimize(n, j):
    if (n, j) in table:
        return table[(n, j)]
    if j == 0 or j == n:
        result = 1
    else:
        result = C_optimize(n-1, j-1) + C_optimize(n-1, j)
```

```python
        table[(n, j)] = result
        return result
def C(n, j):                    #未优化
    result = 0
    if j == 0 or j == n:
        result = 1
    else:
        result = C(n - 1, j - 1) + C(n - 1, j)
    return result
```

本例的 ch3_14.py 比较了例 3-9 的递归函数 $C(n,j)$ 和本例的优化后的递归函数 C_optimize(n,j) 的运行耗时，优化后的递归的运行耗时明显小于未优化的递归函数的运行耗时，运行效果如图 3.22 所示。

```
优化求第28行，第14项40116600的耗时是0.0（毫秒）
未优化求第28行，第14项40116600的耗时是6732.916355133057（毫秒）
```

图 3.22 杨辉三角形的优化和未优化递归的耗时

ch3_14.py

```python
from ALG3_14 import C_optimize, C
import time
n = 28
j = n // 2
start_time = time.time()
result = C_optimize(n, j)
end_time = time.time()
used_time = (end_time - start_time) * 1000
print(f"优化求第{n}行，第{j}项{result}的耗时是{used_time}（毫秒)")
start_time = time.time()
result = C(n, j)
end_time = time.time()
used_time = (end_time - start_time) * 1000
print(f"未优化求第{n}行，第{j}项{result}的耗时是{used_time}（毫秒)")
```

注意：也可以使用函数缓存技术来优化递归，但函数缓存对函数的参数类型有较严格的限制，细节见第 12 章的 12.8 节。

习题 3

扫一扫

习题

扫一扫

自测题

第 4 章 数组

本章主要内容
- 顺序表的特点；
- array 类；
- 数组与围圈留一问题；
- 数组与参数存值；
- 数组与稳定排序；
- 二分法与数组；
- 数组的相等；
- 数组与洗牌。

数组是 Python 中非常基础的一种顺序存储的数据结构,也被称为顺序表。本章首先介绍顺序表,然后介绍数组。

4.1 顺序表的特点

1．查询节点

顺序表使用数组（连续的内存区域）来实现。顺序表节点的物理地址是依次相邻的,因此可以随机访问任何一个节点,不必从头节点计数查找其他节点。如果是按索引来查询顺序表节点中的数据,时间复杂度是 $O(1)$。如果经常需要查找一组数据,可以考虑用顺序表存储这些数据。如果是按数据来查找顺序表中的某个数据,那么就要从顺序表的头节点开始,依次向后查找,时间复杂度是 $O(n)$。

2．添加节点

如果顺序表存放节点的初始数组还有没被占用的元素,那么添加一个尾节点的时间复杂度为 $O(1)$,如果数组已满,就要创建一个新数组（新数组的长度通常为原数组的两倍）,并将原数组的元素值复制到新数组中,再添加新节点,那么时间复杂度就是 $O(n)$。如果是在指定序号处添加新节点（插入）,则需要移动其他节点中的数据,时间复杂度就是 $O(n)$。如果数组已满,同样要创建新数组,时间复杂度也是 $O(n)$。

3．删除节点

如果是按索引删除某个节点,尽管找到该节点的时间复杂度是 $O(1)$,但是删除该节点后,需要移动其他节点中的数据,导致时间复杂度还是 $O(n)$,如果删除的是尾节点,时间复杂度是 $O(1)$。如果是按数据删除节点,那么就要在顺序表中查找该数据,按数据查找的时间复杂度是 $O(n)$,然后删除,总的时间复杂度仍然是 $O(n)$。

顺序表擅长查找操作,按索引查找的时间复杂度是 $O(1)$,不擅长删除和插入操作,时间复杂度是 $O(n)$。

注意：由于顺序表使用数组实现顺序存储,因此也称顺序表的节点为元素。

4.2　array 类

Python 的 array 模块(数组模块)提供了 array 类,可以为用户程序实现动态数组(属于顺序表结构)。array 类同时也提供了操作数组的方法,如添加元素、插入元素、删除元素等(Python 中把独立的算法称作函数,把和类有关的算法称作方法)。

1. 创建数组

array 类是 array 模块的主要类,使用 array 类的构造函数 array(typecode, initialize)创建数组时需要指定数组元素的类型和初始元素,即指定 typecode 的具体类型和 initialize 的具体值,例如:

```
import array
arr = array.array('u', [])              #创建一个包含 0 个元素的字符型数组 arr
boy = array.array('f', [0.0, 0.0])      #创建一个包含两个元素的浮点型数组 boy
girl = array.array('i', [0, 0, 0, 0])   #创建一个包含 4 个元素的整型数组 girl
```

我们简称 array 模块得到的 array 动态数组为数组。数组是相同类型的节点按顺序组成的一种数据结构,习惯称这些相同类型的节点为数组的元素或单元,即数组的元素相当于在第 1 章讲解数据结构时的节点,当数组的长度大于 1 时,数组元素的逻辑结构是线性结构,元素的存储结构是顺序结构,即元素的物理地址是依次相邻的。例如,数组的第 i 元素的地址是 address,那么它的第 $i+1$ 元素的地址就是 $address+C$(C 是一个常量)。使用 array 得到的顺序表的元素的逻辑结构是线性结构,元素的存储结构是顺序存储。数组通过数组名加索引来使用数组的元素。

注意:无法动态指定数组的大小,即元素的个数。

2. 数组的使用

数组通过索引来访问元素,索引从 0 开始,例如:

```
boy[0] = 12.0
boy[1] = 23.908
```

3. 数组的长度

使用 Python 提供的内置 len()函数来获取数组的长度。例如:

```
length = len(boy)   #获取数组 boy 的长度,length 的值 2
```

4. 数组的引用

array 数组属于引用型变量。如果两个 array 数组具有相同的引用,它们就有完全相同的元素。例如:

```
from array import array
a = array('i', [11, 12, 13])
print(id(a))
print(len(a))              #输出结果是 3
b = array('i', [60, 100])
print(id(b))
print(id(a) == id(b))
print(a == b)              #输出结果是 False
print(len(b))              #输出结果是 2
a = b                      #此时 a 和 b 指向同一个数组[60,100],即 a 和 b 具有相同的引用
print(len(a))              #输出结果是 2
```

```
print(a[0])                    # 输出结果是 60
print(a[1])                    # 输出结果是 100
print(id(a) == id(b))
print(a == b)                  # 输出结果是 True
```

5. 数组的复制

也可以用已有的数组 arr 得到一个新的数组 arr_new，新数组 arr_new 和 arr 的元素值相同，但二者是两个不同的数组。例如：

```
import array
arr = array.array('i', [11, 12, 13, 14, 15])
arr_new = array.array('i', arr)
print(id(arr) == id(arr_new))           # 输出 False
print(arr[0] == arr_new[0])             # 输出 True
arr_new[0] = 100;
print(arr[0] == arr_new[0])             # 输出 False
```

6. array 类的常用方法

array 类提供了操作数组的方法，下面讲解 9 个常用方法。

（1）append(value)：在数组末尾添加一个新元素。例如：

```
import array
a = array.array('i', [])
print(len(a))                  # 输出结果是 0
a.append(211)                  # 使用 append 方法向数组中添加新元素
print(a[0])                    # 输出结果是 211
print(len(a))                  # 输出结果是 1
a.append(985)                  # 使用 append 方法向数组中添加新元素
print(a[0])                    # 输出结果是 211
print(a[1])                    # 输出结果是 985
print(len(a))                  # 输出结果是 2
```

（2）extend(iterable)：在数组末尾添加一个可迭代对象中的所有元素。例如：

```
import array
a = array.array('i', [1, 2, 3])
new_elements = [11, 12, 13]    # 列表 new_elements 作为可迭代对象
a.extend(new_elements)         # 将可迭代对象中的元素尾加到数组中
print(len(a))                  # 输出结果是 6
print(a[5])                    # 输出结果是 13
```

（3）insert(index, value)：在指定索引位置插入一个值为 value 的新元素。例如：

```
import array
a = array.array('i', [10, 11, 12, 13, 14, 15])
print(a[2])                    # 输出结果是 12
a.insert(2, 100)               # 在索引位置 2(前面)插入新元素 100
print(a[2])                    # 输出结果是 100
print(a[3])                    # 输出结果是 12
```

（4）remove(value)：移除数组中的第一个匹配指定值 value 的元素。例如：

```
import array
a = array.array('i', [0, 1, 2, 100, 3, 2, 18])
print(a[2])                    # 输出结果是 2
print(len(a))                  # 输出结果是 6
a.remove(2)                    # 移除数组中的第一个匹配值为 2 的元素
print(a[2])                    # 输出结果是 100
print(a[4])                    # 输出结果是 2
print(len(a))                  # 输出结果是 5
```

(5) pop(index)：移除指定元素并返回该元素的值，如果不指定 index 的值，即 pop() 移除尾元素并返回尾元素的值。例如：

```
import array
arr = array.array('i',[10, 11, 12, 13, 14, 15])
print(arr.pop())              #输出结果是 15
print(arr.pop(0))             #输出结果是 10
print(arr.pop(1))             #输出结果是 12
```

(6) index(value,start,stop)：从索引 start 开始至索引 stop 位置（不含 stop 位置）查找第一个匹配指定值 value 的元素的索引（如果没有找到返回 −1）。index(value)：从索引 0 开始至数组最后一个索引查找第一个匹配指定值 value 的元素的索引（如果没有找到返回 −1）。index(value,start)：从索引 start 开始至数组最后一个索引查找第一个匹配指定值 value 的元素的索引（如果没有找到返回 −1）。如果 value 不是数组某个元素的值，index() 方法将触发一个 ValueError 异常。因此在使用 index() 方法时应该使用 in 运算符检查值 value 是否存在于数组中，以便处理 index() 方法引发的异常；如果 value 是数组某个元素的值，index() 方法参数的设置导致未能检索到元素时也会在检索时触发一个 ValueError 异常，这种原因的 ValueError 异常，无法通过使用 in 运算符来处理。例如：

```
import array
a = array.array('i', [10, 11, 13, 16,13,13, 14, 15])
value = 13
if value in a:
    print(a.index(13))                #输出结果是 2
else:
    print(f"值 {value} 未在数组中找到")
if value in a:
    print(a.index(13, 3))             #输出结果是 4
else:
    print(f"值 {value} 未在数组中找到")
value = 123
if value in a:
    print(a.index(value))
else:
    print(f"{value} 未在数组中")       #输出"123 未在数组中"
```

(7) count(value)：返回数组中指定值 value 出现的次数。

(8) reverse()：将数组的元素值反转。

(9) tolist()：返回和数组有相同元素值的列表。

7. array 数组的类型

array 模块中的数组类型可以是基本的类型，即类型可以是以下几种。

'b'：有符号字节（signed char）。

'B'：无符号字节（unsigned char）。

'u'：Unicode 字符（Py_UNICODE）。

'h'：有符号短整数（signed short）。

'H'：无符号短整数（unsigned short）。

'i'：有符号整数（signed int）。

'I'：无符号整数（unsigned int）。

'l'：有符号长整数（signed long）。

'L'：无符号长整数（unsigned long）。

'f'：单精度浮点数（float）。
'd'：双精度浮点数（double）。

array 模块中的数组类型不支持对象，即不能在 array 数组中直接存储 Python 对象，如字符串、列表、字典等。

4.3 数组与围圈留一问题

围圈留一是一个古老的问题（也称约瑟夫问题）：若干个人围成一圈，从某个人开始顺时针（或逆时针）数到 3 的人从圈中退出，然后继续顺时针（或逆时针）数到 3 的人从圈中退出，以此类推，程序输出圈中最后剩下的那个人。

例 4-1 围圈留一问题。

围圈留一问题可以简化为向左旋转数组（向右），旋转数组两次即可确定退出圈中的人，即此时数组首元素（末尾元素）中的号码就应该是要退出圈中的人。本例 ch4_1.py 中的 rotate_left(arr) 函数是向左旋转数组 arr；rotate_right(arr) 函数向右旋转数组 arr。数组使用 pop() 删除最后一个元素（尾元素）的时间复杂度是 $O(1)$、使用 remove(0) 删除数组首元素的时间复杂度是 $O(n)$，所以 ch4_1.py 使用 rotate_right(arr) 函数模拟围圈留一问题，运行效果如图 4.1 所示。

```
3出圈 6出圈 9出圈 1出圈 5出圈 10出圈 4出圈 11出圈 8出圈 2出圈
圈中最后剩下的是7
```

图 4.1　数组与围圈留一

ch4_1.py

```python
import array
def rotate_left(arr):
    temp = arr[0]
    for i in range(1, len(arr)):
        arr[i-1] = arr[i]
    arr[len(arr)-1] = temp
def rotate_right(arr):
    temp = arr[len(arr)-1]
    for i in range(len(arr)-1, 0, -1):
        arr[i] = arr[i-1]
    arr[0] = temp
arr = array.array('i', [11, 10, 9, 8, 7, 6, 5, 4, 3, 2, 1])
while len(arr) > 1:
    rotate_right(arr)
    rotate_right(arr)
    print(f"{arr.pop()}出圈", end = " ")
print(f"\n 圈中最后剩下的是{arr[0]}")
```

4.4 数组与参数存值

如果两个数组的引用相同，那么这两个数组的元素就完全相同，因此一个函数可以将某些数据存放在数组参数中，那么函数执行完毕，保存在数组元素中的值一直还存在，不会消失。

例 4-2 数组存放三角形面积。

本例 ALG4_2.py 中的函数 judge_triangle(a, b, c, area)，当 a, b, c 构成等边三角形时返

回 3,将三角形面积存放在数组 area 的元素中;当构成等腰(不是等边)三角形时返回 2,将三角形面积存放在数组 area 的元素中;当构成普通(不是等边,也不是等腰)三角形时返回 1,将三角形面积存放在数组 area 的元素中;当不构成三角形时返回 0,将 nan(not a number)存放在数组 area 的元素中。

ALG4_2.py

```python
import math
def judge_triangle(a, b, c, area):
    if a + b < c or a + c < b or b + c < a:
        area[0] = float('nan')
        return 0
    if a == b and b == c:
        area[0] = math.sqrt(3) * a * a / 4
        return 3
    if a == b:
        area[0] = 1.0/4 * math.sqrt(4 * a * a * c * c - c * c * c * c)
        return 2
    if b == c:
        area[0] = 1.0/4 * math.sqrt(4 * b * b * a * a - a * a * a * a)
        return 2
    p = (a + b + c) / 2.0
    area[0] = math.sqrt(p * (p - a) * (p - b) * (p - c))
    return 1
```

本例 ch4_2.py 使用 ALG4_2.py 中的 judge_triangle(a,b,c,area)函数判断三个数构成怎样的三角形,并输出相应的面积,运行效果如图 4.2 所示。

```
3
等边三角形,面积: 10.825
2
等腰但不等边三角形,面积: 13.636
1
非等腰三角形,面积: 6.000
0
非三角形,不计算面积: nan
```

图 4.2 数组存放三角形面积

ch4_2.py

```python
from ALG4_2 import judge_triangle
import array
def output(m, area):
    print(m)
    if m == 1:
        print("非等腰三角形,面积:", format(area[0], '.3f'))
    elif m == 2:
        print("等腰但不等边三角形,面积:", format(area[0], '.3f'))
    elif m == 3:
        print("等边三角形,面积:", format(area[0], '.3f'))
    elif m == 0:
        print("非三角形,不计算面积:", format(area[0], '.3f'))
a, b, c = 5, 5, 5
area = array.array('d', [float('nan')])
m = judge_triangle(a, b, c, area)
output(m, area)
a, b, c = 6, 6, 5
m = judge_triangle(a, b, c, area)
output(m, area)
a, b, c = 3, 4, 5
m = judge_triangle(a, b, c, area)
```

```
output(m, area)
a, b, c = 10, 5, 3
m = judge_triangle(a, b, c, area)
output(m, area)
```

例 4-3　出现次数最多的字母。

本例 ALG4_3.py 中的 find_max_count_letters(english, saveCount) 函数返回 english 中出现次数最多的字母之一，并将这个字母出现的次数及其在 english 中的索引存放到参数指定的 saveCount 数组的元素中。

ALG4_3.py

```
import array
def find_max_count_letters(english, saveCount):
    count = array.array('i', [0] * 26)              #存放小写英文字母出现的次数
    for char in english:
        if 'a' <= char <= 'z':
            count[ord(char) - ord('a')] += 1        #英文小写字母a在ASCII表的索引是97
    index = 0                                       #存放出现次数最多的字符的索引
    max_count = count[index]
    for i in range(26):
        if count[i] > max_count:
            max_count = count[i]
            index = i
    saveCount[0] = count[index]                     #将最多次数保存到数组 saveCount 中
    m = 0
    for i, char in enumerate(english):
        if index + 97 == ord(char):
            m = i
            break
    saveCount[1] = m                                #将索引位置保存到数组 saveCount 中
    return chr(index + 97)                          #返回出现次数最多的字母之一
```

本例的 ch4_3.py 使用 ALG4_3.py 中的 find_max_count_letters(english, saveCount) 函数寻找"The school is on vacation, it's really nice"出现次数最多的字母之一，运行效果如图 4.3 所示。

```
i是出现次数最多的字母之一.
i出现的次数是:4.
i在The school is on vacation, it's really nice中的索引位置之一:11
```

图 4.3　出现次数最多的字母

ch4_3.py

```
from ALG4_3 import find_max_count_letters
import array
str_input = "The school is on vacation, it's really nice"
saveCount = array.array('i', [0, 0])
letters = find_max_count_letters(str_input, saveCount)
print(letters, "是出现次数最多的字母之一.")
print(letters, "出现的次数是:", saveCount[0], ".")
print(letters, "在", str_input, "中的索引位置之一:", saveCount[1])
```

4.5　数组与稳定排序

排序算法是重要的基础算法。各种排序算法都是非常成熟的算法，Python 的内置函数中提供了用于排序的 sorted(arr) 函数，编写程序时直接使用该函数即可。sorted() 函数使用的

是 TimSort 算法,是一种稳定排序算法,时间复杂度是 $O(n\log_2 n)$。稳定排序是指数组里相同大小的数据在排序后保持原始的先后顺序不变,不稳定排序不保证数组里大小相同的数据在排序后保持原始的先后顺序不变。

1. sorted(arr)函数

sorted(arr)函数不会修改原始数组 arr,而是创建一个新的数组来保存排序结果,并返回新数组的引用。例如:

```
import array
arr = array.array('i', [9, 8, 5, 8])
a = sorted(arr)
print(arr[0],arr[1],arr[2],arr[3])    #输出的结果是 9 8 5 8
print(a[0],a[1],a[2],a[3])            #输出的结果是 5 8 8 9
```

也可以向 sorted(arr, reverse = True 或 False)传递第二个参数的值是 reverse=True,让 sorted()函数按降序排序。例如:

```
import array
arr = array.array('i', [81, 19, 502])
a = sorted(arr, reverse = True)       #按降序排序
print(a)                              #输出结果是[502, 81, 19]
```

2. 比较函数与排序

sortd(arr,key=比较函数):让数组 arr 的元素值按照"比较函数"的返回值进行排序,例如,让整数按个位数字的大小排序:

```
import array
def compare(x):                       #定义比较函数
    return x % 10
arr = array.array('i',[13, 51, 9, 100, 2])
arr = sorted(arr, key = compare)      #使用比较函数进行排序
print(arr)                            #输出结果是 [100, 51, 2, 13, 9]
```

3. Lambda 表达式与排序

下列 add(a,b)函数是一个通常的函数:

```
def add(a,b)
    return a + b
```

Lambda 表达式是一个匿名函数,用 Lambda 表达式表达同样功能的匿名函数是:

```
lambda x, y: x + y
```

Python 语言的 Lambda 表达式的语法如下:

```
lambda arguments: expression
```

其中,arguments 是参数列表,可以是多个参数,用逗号分隔;expression 是一个表达式。简单地说,Lambda 表达式是一个匿名函数,例如:

```
f = lambda x, y: x + y
print(f(3, 5))            #输出结果是 8
print(f(13, 7))           #输出结果是 20
```

sorted(arr, key=Lambda):让数组的元素值按照 Lambda 表达式的返回值进行排序,例如,按整数平方大小排序:

```
import array
arr = array.array('i',[-3, 2, -9, 6])
arr = sorted(arr, key = lambda x:x * x)    #使用 Lambda 表达式进行排序
print(arr)                                 #输出结果是[2, -3, 6, -9]
```

例 4-4 稳定排序与不稳定排序。

在 Python 基础课里学习的起泡法和插入法是稳定排序,而选择法是不稳定排序,它们的时间复杂度都是 $O(n^2)$,空间复杂度都是 $O(n)$。本例的 ch4_4.py 分别使用选择法和 Python 的内置排序函数 sorted() 按整数的个位数字的大小排序整数,发现不稳定排序改变了个位数字相同的两个整数在数组中的前后位置(不稳定排序只是不保证数组里大小一样的数据在排序后保持原始的先后顺序不变,不是一定会改变大小一样的数据的先后顺序,排序情况与参与排序的具体数据有关),例如排序前 263 在 33 的前面,选择法排序后导致 263 在 33 的后面,程序运行效果如图 4.4 所示。

```
排序前:
13 11 13 263 33 51 91 252
按个位数字排序后(稳定排序):
11 51 91 252 13 13 263 33
按个位数字排序后(不稳定排序):
11 51 91 252 33 13 13 263
```

图 4.4 稳定排序与不稳定排序

ch4_4.py

```python
import array
def sort_choice(a):  #选择法排序
    n = len(a)
    for i in range(n - 1):
        min_index = i
        for j in range(i + 1, n):
            if a[j] % 10 < a[min_index] % 10:
                min_index = j
        if min_index != i:
            temp = a[i]
            a[i] = a[min_index]
            a[min_index] = temp
arr = array.array('i',[13,11,13,263,33,51,91,252])
print("排序前:");
for num in arr:
    print(num,end = " ")
print();
a = sorted(arr, key = lambda x : x % 10 )
print("按个位数字排序后(稳定排序):");
for num in a:
    print(num,end = " ")
print();
print("按个位数字排序后(不稳定排序):");
sort_choice(arr)
for num in arr:
    print(num,end = " ")
print();
```

4.6 二分法与数组

在 Python 语言中,对于 array 模块的数组 arr:

```
num in arr
```

的时间复杂度是 $O(n)$,因为它会遍历整个数组来查找元素 num。二分法查找 num 是否在已排序的数组 arr 中的时间复杂度是 $O(\log n)$。本节介绍 Python 语言提供的二分法。

二分法可用于查找一个数据是否在一个排序数组中,曾在第 2 章的例 2-9、第 3 章的例 3-6 中有所介绍。因为二分法是成熟的经典算法,所以 Python 将其作为内置模块 bisect 中的一个函数:bisect_left(arr,value)(该函数使用的是二分法),如果在有序数组 arr 中找到一个元素值是 value,该函数返回此元素的索引,如果没有找到这样的元素该函数返回数组 arr 的长度。

例如：

```
import bisect
import array
arr = array.array('i',[1, 3, 5, 7, 9])
value = 1
index = bisect.bisect_left(arr, value)
print(index)              ＃输出 0
if index < len(arr) :
    print(f"{value} 在数组中的索引为 {index}.")
else:
    print(f"{value} 不在数组中.")
value = 9
index = bisect.bisect_left(arr, value)
print(index)              ＃输出 4
value = 100
index = bisect.bisect_left(arr, value)
print(index)              ＃输出数组的长度 5
```

例 4-5 用二分法统计数字出现的次数。

本例的 ch4_5.py 在循环 10000 次的循环语句的循环体中，每次随机得到 1～7 的一个数字，循环结束后输出 1～7 各个数字出现的次数。本例中使用了内置模块 bisect 中的 bisect_left()函数，运行效果如图 4.5 所示。

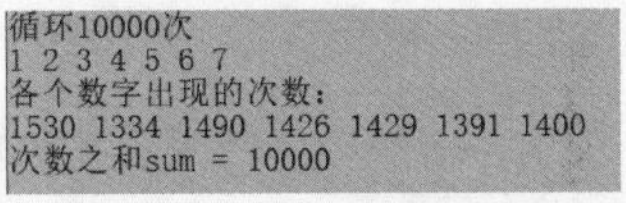

图 4.5　借助二分法统计数字频率

ch4_5.py

```
import random
import bisect
import array
NUMBER = 7
array_data = array.array('i', [i + 1 for i in range(NUMBER)])   ＃将 1～NUMBER 存放在数组中
frequency = array.array('i', [0] * NUMBER)                       ＃存放数字出现的次数
random.seed()                                                     ＃用当前时间做随机种子
counts = 10000
i = 1
while i <= counts:
    m = random.randint(1, NUMBER)                                 ＃生成 1～NUMBER 之间的随机数
    index = bisect.bisect_left(array_data, m)                     ＃在有序数组 array_data 中查找 m
    if index < NUMBER :                                           ＃ 如果 m 在 array_data 中
        frequency[m - 1] += 1
    i += 1
print(f"循环{counts}次")
print("各个数字出现的次数:")
for num in array_data:
    print(num, end=" ")
print()
for count in frequency:
    print(count, end=" ")
print()
sum_count = sum(frequency)
print(f"次数之和 sum = {sum_count}")
```

4.7　数组的相等

两个数组可以通过＝＝运算符比较是否相等。当两个数组 arr1、arr2 的元素值依次一一对应相等时 arr1＝＝arr2 表达式的值是 True,否则是 False。另外,数组 arr1 也可以取索引

start～end 之间的元素(不含 end 索引的元素)和数组 arr2 比较是否相等：arr1[start：end] == arr2，例如：

```
import array
arr1 = array.array('i', [11, 12, 13, 14, 15])
arr2 = array.array('i', [11, 12, 13, 14, 15])
arr3 = array.array('i', [51, 11, 12, 13, 14, 15, 16])
print(arr1 == arr2)          #输出 True
print(arr1 == arr3)          #输出 False
print(arr3[1:6] == arr1)     #输出 True
```

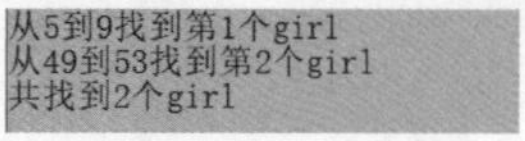

从5到9找到第1个girl
从49到53找到第2个girl
共找到2个girl

图 4.6　寻找单词以及单词出现的次数

例 4-6　寻找单词并输出单词出现的次数。

本例 ch4_6.py 中的 find_word(s, word) 函数输出 s 中出现的 word 并返回 word 出现的次数，运行效果如图 4.6 所示。

ch4_6.py

```
import array
def find_word(s, word):
    ch = array.array('u', s)         #将字符串转换为 Unicode 字符数组
    girl = array.array('u', word)    #将字符串转换为 Unicode 字符数组
    count = 0
    for i in range(len(ch) - len(girl) + 1):
        is_equal = ch[i:i + len(girl)] == girl
        if is_equal:
            count += 1
            print(f"从{i}到{i + len(girl)}找到第{count}个{word}")
    return count
s = "This girl reads every day. Many people like this girl."
word = "girl"
result = find_word(s, word)
print(f"共找到{result}个{word}")
```

4.8　数组与洗牌

n 个数的不重复全排列有 $n!$ 种可能，对 n 张牌进行洗牌后得到的结果是 $n!$ 种排列中的某一个。每次洗牌不仅要使得每张牌在最初的位置上的概率很小(对于非单张牌)，而且每张牌出现在其他每个位置上的概率也是相同的，这正是洗牌算法的关键之处(生活中，洗牌手在洗牌过程中移动了所有的牌，使得用户相信他的洗牌)。

Fisher-Yates 洗牌算法就是满足这种要求的洗牌算法，时间复杂度是 $O(n)$。

这里以长度为 n 的数组 card 为例(数组的元素索引下标从 0 开始，注意算法中的数字和数据结构元素的索引有关)介绍 Fisher-Yates 洗牌算法如下。

(1) 变量 i 的初始值为 $n-1$，如果 i 的值大于 0，进行(2)否则进行(4)。

(2) 得到一个 0(索引的起始位置)至 i 之间的随机数 m(不包括 i)，然后进行(3)。

(3) 交换 card[i] 和 card[m] 的值，然后 i——，此时如果 i 大于 0 进行(2)否则进行(4)。

(4) 结束。

例如，对于数组：

a = array.array('i', [1, 2, 3, 4, 5, 6, 7])

洗牌前:[1, 2, 3, 4, 5, 7]

开始洗牌：
i = 6, m = 3(m 是随机数)
1 2 3 7 5 6 4
i = 5, m = 1(m 是随机数)
1 6 3 7 5 2 4
i = 4, m = 1(m 是随机数)
1 5 3 7 6 2 4
i = 3, m = 0(m 是随机数)
7 5 3 1 6 2 4
i = 2, m = 2(m 是随机数)
7 5 3 1 6 2 4
i = 1, m = 0(m 是随机数)
5 7 3 1 6 2 4
洗牌结束。
洗牌后:[5, 7, 3, 1, 6, 2, 4]

例 4-7 Fisher-Yates 洗牌算法。

本例 ch4_7.py 中的 shuffle(card)函数是 Fisher-Yates 洗牌算法，运行效果如图 4.7 所示。

图 4.7 Fisher-Yates 洗牌算法

ch4_7.py

```python
import array
import random
def shuffle(card):
    random.seed()                               # 使用当前时间作为随机种子
    for i in range(len(card) - 1, 0, -1):
        m = random.randint(0, i)                # 得到一个 0 至 i 之间(包括 i)的随机数 m
        card[i], card[m] = card[m], card[i]     # 交换 card[i]和 card[m]的值
def out_arr(a):
    for i in a:
        print(f"{i:3d}", end = "")
    print()
N = 10
count = 0
card = array.array('i', [1, 2, 3, 4, 5, 6, 7])
print("原牌: ", end = "")
out_arr(card)
copy_card = array.array('i', card)
shuffle(card)
count += 1
print(f"\n第{count}次洗牌:", end = "")
out_arr(card)
shuffle(card)
count += 1
print(f"\n第{count}次洗牌:", end = "")
out_arr(card)
while True:
    shuffle(card)
    count += 1
    if card == copy_card:
        print(f"\n{count}次洗牌后回到原牌:")
        break
out_arr(card)
```

在 Fisher-Yates 洗牌算法中，有时候(概率很小)会出现一张牌还在原来位置上的情况，这是因为在交换元素的过程中，有可能会出现某张牌和自己交换的情况，导致它仍然留在原来的位置。这种情况是正常的，因为在洗牌算法中，每一次交换都是随机的，包括元素和自己进行交换。这样的情况并不会影响整体的洗牌效果，因为最终的结果仍然是一个随机排列的序列。

习题 4

扫一扫
习题

扫一扫
自测题

第 5 章 列表

本章主要内容
- Python 中的列表；
- 列表与排序；
- 列表与随机布雷；
- 列表与随机数；
- 列表与筛选法；
- 列表与全排列；
- 列表与组合；
- 列表与生命游戏；
- 列表的公共子列表；
- 列表与堆。

列表是 Python 语言中一种最常用和灵活的数据结构，在解决很多实际问题时都会使用列表。

5.1 Python 中的列表

list 类是 Python 的内置类，称其实例为列表，在编写程序时可以直接使用列表，不需要事先导入特定的模块。

与数组类似，列表也是动态数组，属于顺序表（有关顺序表的特点见 4.1 节）。当列表需要扩容时 Python 会为列表分配一个更大的内存块，并将原来的元素复制到新的内存块中。

和数组不同的是，列表的元素类型可以是 Python 容许的任何类型，这使得列表比数组具有更强的数据处理能力，并成为 Python 编程中使用频率最高的一个内置对象。相对于 array 数组，列表的内部结构更加复杂，也占用更多的存储空间。如果仅仅处理基本型数据，数组反而因为占有更少的存储空间而导致具有更高的效率。

1. 创建列表或具有初始元素的列表

使用空的方括号[]或列表的构造函数创建一个空列表(不含任何元素的列表)，例如：

```
empty_list = []
empty_list = list()
```

可以在方括号中列出列表的初始元素（用逗号分隔）来创建一个非空列表，例如：

```
initial_list = [0,1,2,3,4,5]
```

也可以将一个可迭代对象（如数组、字符串、集合等）传递给列表的构造函数来创建列表，例如：

```
import array
int_list = list(array.array('i',[11,12,13]))
```

```
print(int_list)              #输出:[11, 12, 13]
string_list = list("ABC")
print(string_list)           #输出:['A', 'B', 'C']
```

2. 遍历列表

可以使用 for 语句遍历列表,例如:

```
int_list = [1, 2, 3, 4, 5]
for item in int_list:
    print(item)
```

for 语句遍历列表时每次访问列表中的一个元素。

列表可以使用索引(索引从 0 开始)访问自己的元素,因此也可以使用索引遍历列表,例如:

```
int_list = [0, 1, 2, 3]
for index in range(len(int_list)):
    element = int_list[index]   #使用索引访问列表的元素
    print(element)
```

3. 列表的常用方法

(1) append(value):向列表末尾添加一个值为 value 的元素,例如:

```
data_list = [1, 2, 3]
data_list.append("hello")
print(data_list)             #输出:[1, 2, 3, 'hello']
```

(2) extend(iterable):将可迭代对象 iterable 中的元素添加到当前列表的末尾,例如:

```
list = [2, 1, 1]
other = [9, 8, 5]
list.extend(other)
print(list)                  #输出:[2, 1, 1, 9, 8, 5]
print(list[5])               #输出:5
```

(3) insert(index,value):在指定 index 索引的前面插入一个值为 value 的元素(列表的索引从 0 开始),插入新元素后,列表自动更新所有元素的索引,例如:

```
data_list = [10, 12, 15]
data_list.insert(1, 11)                    #在索引 1 前面插入 11
print(data_list)                           #输出:[10, 11, 12, 15]
data_list.insert(0, 9)                     #在索引 0 前面插入 9
print(data_list)                           #输出:[9,10, 11, 12, 15]
data_list.insert(len(data_list),16)        #在末尾添加 16
print(data_list)                           #输出:[9,10, 11, 12, 15, 16]
```

(4) remove(value):删除列表中第一个值是 value 的元素,例如:

```
data_list = [1, 20, 3, 20]
value = 20
if(value in data_list):
    data_list.remove(value)                #删除第一个值是 20 的元素
    print(f"删除值是{value}元素.")
    print(data_list)                       #输出:[1, 3, 20]
value = 201
if(value in data_list):
    data_list.remove(value)                #删除第一个值是 201 的元素
    print(f"删除值是{value}元素.")
    print(data_list)                       #无输出信息
else:
    print(f"没有值{value}的元素.")
    print(data_list)                       #输出:[1, 3, 20]
```

(5) pop(index)：删除索引是 index 的元素并返回该元素的值，pop()删除尾元素并返回尾元素的值，例如：

```
data_list = [1, 2, "hello"]
popped_element = data_list.pop()     #删除尾元素并返回尾元素的值
print(popped_element)                #输出:hello
print(data_list)                     #输出:[1,2]
```

列表属于顺序表，删除尾元素的时间复杂度是 $O(1)$、删除其他元素的时间复杂度是 $O(n)$。

(6) index(value)：返回第一个值是 value 的元素的索引，例如：

```
data_list = [10, 20, 30, 20]
index = data_list.index(20)          #返回第一个值是 20 的元素的索引
print(index)                         #输出:1
```

(7) count(value)：返回元素值是 value 的元素数量，例如：

```
data_list = [1, 20, 20, 3, 20]
count = data_list.count(20)          #返回元素值是 20 的元素数量
print(count)                         #输出:3
count = data_list.count(12)          #返回元素值是 12 的元素数量
print(count)                         #输出:0
```

(8) reverse()：将列表中的元素值倒置，例如：

```
int_list = [1, 2, 3]
int_list.reverse()                   #将元素值倒置
print(int_list)                      #输出:[3, 2, 1]
string_list = list("racecar")
copy = list(string_list);
string_list.reverse()                #将元素值倒置
print(string_list)                   #输出:['r', 'a', 'c', 'e', 'c', 'a', 'r']
if string_list == copy:
    print(f"{''.join(string_list)}是回文单词")   #输出:racecar 是回文单词
```

4. 截取子列表

一个列表，例如 data_list，可以使用 data_list[index:]得到一个新列表，该新列表包含的元素是 data_list 列表从索引 index 开始以后的全部元素；使用 data_list[start:end]得到一个新列表，该新列表包含的元素是 data_list 列表的索引 start～end 之间的全部元素（不含 end 索引位置的元素，即[start,end)之间的元素），例如：

```
list = [0,1,2,3,4,5]
sub_list = list[2:]
print(sub_list)              #输出[2, 3, 4, 5]
sub_list = list[1:4]
print(sub_list)              #输出[1,2,3]
```

例 5-1 比较列表和 array 数组插入元素和删除元素的耗时。

虽然列表和 array 数组都是顺序表，但列表的内部结构要比 array 数组复杂，那么当数据规模比较大时，列表的插入、删除元素的耗时要大于 array 数组。本例 ch5_1.py 比较了列表和 array 数组插入元素和删除元素的耗时，比较了删除首元素、尾元素的耗时（顺序表的特点之一：删除首元素的时间复杂度是 $O(n)$、删除尾元素的时间复杂度是 $O(1)$），运行效果如图 5.1 所示。

```
数组删除元素的耗时: 7.980 毫秒
列表删除元素的耗时: 17.952 毫秒
数组插入元素的耗时: 7.026 毫秒
列表插入元素的耗时: 16.997 毫秒
列表删除首元素的耗时: 34.894 毫秒
列表删除尾元素的耗时: 0.000 毫秒
```

图 5.1 比较数组和列表的耗时

ch5_1.py

```python
import time
import array
N = 30000000
arr = array.array('i', range(1, N+1))        # 创建包含 1 至 N 的整数的数组
list = list(range(1, N+1))                    # 创建包含 1 至 N 的整数的列表
start_time = time.time()
arr.pop(N//2)
end_time = time.time()                        # 测量删除第 N/2 元素的耗时
print(f"数组删除元素的耗时:{((end_time - start_time) * 1000):.3f} 毫秒")
start_time = time.time()
list.pop(N//2)
end_time = time.time()
print(f"列表删除元素的耗时:{((end_time - start_time) * 1000):.3f} 毫秒")
start_time = time.time()
arr.insert(N//2, N//2)
end_time = time.time()                        # 测量插入第 N/2 元素的耗时
print(f"数组插入元素的耗时:{((end_time - start_time) * 1000):.3f} 毫秒")
start_time = time.time()
list.insert(N//2, N//2)
end_time = time.time()
print(f"列表插入元素的耗时:{((end_time - start_time) * 1000):.3f} 毫秒")
start_time = time.time()
list.pop(0)                                   # 时间复杂度是 O(n)
end_time = time.time()
print(f"列表删除首元素的耗时:{((end_time - start_time) * 1000):.3f} 毫秒")
start_time = time.time()
list.pop()                                    # 时间复杂度是 O(1)
end_time = time.time()
print(f"列表删除尾元素的耗时:{((end_time - start_time) * 1000):.3f} 毫秒")
```

5.2　列表与排序

1. 列表的排序方法

（1）sort()：按升序排序。

（2）sort(reverse=True)：按降序排序。

（3）sort(key=Lambda 表达式)：让列表的元素值按照 Lambda 表达式的返回值排序。

注意：有关 Lambda 表达式的知识点见第 4 章 4.3 节。

2. 内置排序函数

Python 的内置函数 sorted(list) 不仅可以排序数组，也可以排序列表（细节可参见第 4 章 4.3 节）。

注意：列表本身的 sort() 排序方法和内置 sorted() 排序函数使用的都是 TimSort 算法（一种稳定排序算法），时间复杂度是 $O(n\log_2 n)$。稳定排序是指大小一样的数据在排序后保持原始的先后顺序不变。

例 5-2　按数学成绩或英语成绩排序。

本例中的列表 score_list 的元素是长度为 2 的列表，例如元素[89,78]，其中 89 表示数学分数、78 表示英语分数。ch5_2.py 中分别按数学和英语成绩排序 score_list 列表，运行效果如图 5.2 所示。

图 5.2　按数学成绩或英语成绩排序

ch5_2.py

```
score_list = [[67,77],[60,90],[90,60],[89,100]]
print("排序前:");
print(score_list)
print("按数学成绩排序:");
score_list.sort(key = lambda x : x[0] )
print(score_list)
print("按英语成绩排序:");
score_list.sort(key = lambda x : x[1] )
print(score_list)
```

5.3　列表与随机布雷

布雷时需要判断一个点 (x,y) 是否已经布雷，因此需要将 Point 对象添加到列表中。

例 5-3　模拟随机布雷。

本例 ch5_3.py 中的 layMines(area, amount, rows, columns) 函数在列表 area 模拟的雷区中随机布雷 amount 颗，该函数使用列表判断某个点 (x,y) 是否已经布雷，运行效果如图 5.3 所示。

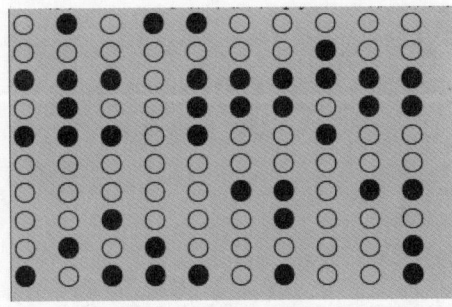

图 5.3　模拟随机布雷

ch5_3.py

```
import random
class Point:
    def __init__(self, initialX, initialY):
        self.x = initialX
        self.y = initialY
    def __eq__(self, other):
        return self.x == other.x and self.y == other.y
def layMines(area, amount, rows, columns):
    point_list = []
    while amount > 0:
        x = random.randint(0, rows - 1)
        y = random.randint(0, columns - 1)
        p = Point(x, y)
        if p not in point_list:
```

```
            area[x][y] = '●'
            amount -= 1
            point_list.append(p)
rows = 10
columns = 10
area = [['○' for _ in range(columns)] for _ in range(rows)]
layMines(area, 39, rows, columns)
for row in area:
    print(''.join(row))
```

> **注意**：如果列表中的数据是对象（实际存储的是对象的引用），那么创建对象的类需要重载"__eq__"方法。"if p not in point_list"这样的语句会调用对象的"__eq__"方法来判断对象是否相等。如果没有在 Point 类中重载__eq__方法，Python 会默认使用对象的内存地址来进行比较，而不是根据对象的属性判断它们是否相等。方法重载可参见附录 A。

5.4 列表与随机数

通过随机删除列表中的数据可以获得若干个不同的随机数。

例 5-4 随机数与双色球。

本例 ch5_4.py 中的 get_random_by_list(number, amount) 函数通过随机删除列表中的元素，得到 amount 个 1～number 的随机数。ch5_4.py 中使用 get_random_by_list(number, amount) 模拟购买双色球，双色球的每注投注号码由 6 个红色球号码和 1 个蓝色球号码组成。6 个红色球的号码互不相同，是 1～33 的随机数；蓝色球号码是 1～16 的随机数，运行效果如图 5.4 所示。

```
红色球: [7, 15, 5, 16, 17, 32] 蓝色球: [9]
红色球: [30, 10, 21, 31, 32, 1] 蓝色球: [2]
红色球: [32, 25, 33, 14, 7, 16] 蓝色球: [10]
```

图 5.4 随机数与双色球

ch5_4.py

```python
import random
def get_random_by_list(number, amount):
    result = []                              #存放得到的随机数
    lst = list(range(1, number + 1))
    for i in range(amount):
        index = random.randint(0, len(lst) - 1)
        result.append(lst[index])
        lst.pop(index)
    return result                            #列表 result 中存放着随机数
def buy():
    for i in range(3):
        red = get_random_by_list(33, 6)      #双色球中的 6 个红色球
        blue = get_random_by_list(16, 1)     #双色球中的 1 个蓝色球
        print("红色球:", red, end = " ")
        print("蓝色球:", blue)
buy()
```

5.5 列表与筛选法

素数是指在大于 1 的自然数中除了 1 和它本身以外，不再有其他因数的自然数。

筛选法是由希腊数学家埃拉托斯特尼提出的一种简单鉴定素数的算法。因为希腊人是把数写在涂了蜡的板上，当要划去一个数时，就在上面记 1 小点，寻找素数的工作完毕后，板上会留下很多小点就像一个筛子，所以就把埃拉托斯特尼的方法叫作筛选法，简称筛法。由于 1 不是素数，因此从 2 开始。筛选法的做法是，先把 2～n 的自然数按次序排列起来：

2 是素数，把素数 2 保存，然后把 2 后面所有能被 2 整除的数都划去。

数字 2 后面第 1 个没划去的数是素数 3，把素数 3 保存，然后再把 3 后面所有能被 3 整除的数都划去。

3 后面第 1 个没划去的数是素数 5，把素数 5 保存，然后再把 5 后面所有能被 5 整除的数都划去。

按照筛选法，每次留下的数字中的第一个数字一定是素数，如此继续进行，就会把不超过 n 的全部合数（合数指除素数以外的数）都筛掉，保存的就是不超过 n 的全部素数。

例 5-5 用筛选法求素数。

本例 ch5_5.py 中的 prime_filter(n) 函数是筛选法，返回不超过正整数 n 的全部素数。本例 ch5_5.py 使用 prime_filter(n) 函数输出 100 以内的全部素数，以及 100 以内的孪生素数，效果如图 5.5 所示。

```
不超过100的全部素数：
2  3  5  7  11 13 17 19 23 29 31 37 41 43 47 53 59 61 67 71 73 79 83 89 97
其中的全部孪生素数：
(3,5) (5,7) (11,13) (17,19) (29,31) (41,43) (59,61) (71,73)
```

图 5.5　用筛选法求素数

孪生素数猜想是数论中的著名未解决问题，是数学家希尔伯特在 1900 年国际数学家大会上提出的 23 个问题中的第 8 个问题："是否存在无穷多个素数 p，使得 $p,p+2$ 这两个数也是素数"。孪生素数就是相差为 2 的一对素数，例如 3 和 5，5 和 7，11 和 13，…，227 和 229 等都是孪生素数。由于孪生素数猜想的高知名度以及它与哥德巴赫猜想的联系，很多人在研究孪生素数猜想，然而孪生素数猜想至今未能被解决。

1849 年，波利尼亚克（Alphonse de Polignac）提出了更一般的猜想：对所有自然数 k，存在无穷多个素数对 $(p,p+2k)$，$k=1$ 的情况。数学家们相信波利尼亚克的这个猜想也是成立的。

2013 年 5 月，数学家张益唐的论文《素数间的有界距离》在《数学年刊》上发表，破解了困扰数学界长达一个半世纪的难题。张益唐证明了孪生素数猜想的弱化形式，即发现存在无穷多差小于 7000 万的素数对。这是第一次有人证明存在无穷多组间距小于定值的素数对。

ch5_5.py

```python
def prime_filter(n):
    arr = list(range(2, n + 1))
    prime = []                              #存放素数
    while arr:
        prime_number = arr[0]               #按照筛选法，首元素里是素数
        arr.pop(0)                          #删除首元素
        prime.append(prime_number)
        j = 1
        while j < len(arr):
            if arr[j] % prime_number == 0:
                del arr[j]                  #划掉大于 primeNumber 且能被 primeNumber 整除的数字
            else:
                j += 1
```

```
        return prime
N = 100
prime_list = prime_filter(N)
print(f"不超过{N}的全部素数:")
print(prime_list)
print("其中的全部孪生素数:")
for i in range(len(prime_list) - 1):
    twin1 = prime_list[i]
    twin2 = prime_list[i + 1]
    if twin2 - twin1 == 2:
        print(f"({twin1},{twin2})", end = " ")
```

注意：如果 n 能被素数 primeNumber 整除，那么 $n+1$ 一定不会被 primeNumber 整除，因此程序中用列表划去能被素数 primeNumber 整除的算法是合理的。

5.6 列表与全排列

1. itertools 模块与全排列

可以使用 itertools 模块中的 permutations() 函数来生成排列。

permutations(list)：返回列表 list 元素的值生成的全部全排列，时间和空间复杂度都是 $O(n!)$。

permutations(list) 函数用元组表示一个全排列，例如，对于 list=[1,2,3]，permutations([1,2,3]) 用元组

(1,2,3) (1,3,2) (2,1,3) (2,3,1) (3,1,2) (3,2,1)

表示全部的全排列，将 permutations([1,2,3]) 得到的全部全排列放到列表中即可。

2. 递归求全排列

求全排列很容易想到用递归算法。比如 (1)! 是 1，对于 (12)!，首先降低规模，即将 1 固定在首位，计算 (2)!，然后，再将 2 固定在首位，计算 (1)!，示意如下：

12   21

对于 (123)!，首先降低规模，即将 1 固定在首位，计算 (23)!，再将 2 固定在首位，计算 (13)!，然后，再将 3 固定在首位，计算 (12)!，示意如下：

123   132   213   231   312   321

用递归法求全排列，时间复杂度是 $O(n!)$，这里求全排列的函数是把全排列存放在某种数据结构的集合中，比如列表中，然后返回该列表，以便其他用户使用全排列。因此求全排列的空间复杂度是 $O(n!)$。

在求全排列的递归算法中使用了列表，其优点是使得递归的代码更加简洁。比如，对于求 (123)!，递归函数返回的列表的元素中依次存放着 (123)! 中的某一个，即列表中元素依次是：

123   132   213   231   312   321

例 5-6 求全排列。

本例 ch5_6.py 使用 permutations(list) 函数分别得到 1,2,3 的按字典序升序的全部全排列以及 1,2,3 的按字典序降序的全部全排列；使用自定义的递归函数 my_permutation(source) 得到 1,2,3 的全部全排列，运行效果如果 5.6 所示。

```
使用itertools模块的permutations函数求全排列:
按字典序升序
[(1, 2, 3), (1, 3, 2), (2, 1, 3), (2, 3, 1), (3, 1, 2), (3, 2, 1)]
按字典序降序
[(3, 2, 1), (3, 1, 2), (2, 3, 1), (2, 1, 3), (1, 3, 2), (1, 2, 3)]
使用自定义函数my_permutation求全排列:
['123', '132', '213', '231', '312', '321']
123 132 213 231 312 321
```

图 5.6 求全排列

ch5_6.py

```python
from itertools import permutations
def my_permutation(source):
    if len(source) == 1:
        return source
    else:
        result = []                                    #存放全排列
        for k in range(len(source)):
            copy_list = source[:]                      #复制列表
            index_k = copy_list[k]
            del copy_list[k]                           #删除第 k 个节点
            list_next = my_permutation(copy_list)      #递归
            for perm in list_next:
                result.append(index_k + perm)          #排列放到顺序表 result 里
        return result
int_list = [1, 2, 3]
print("使用 itertools 模块的 permutations 函数求全排列:")
perms = list(permutations(int_list))                   #使用 itertools 模块生成全排列
list = sorted(perms)                                   #对全排列进行排序
print("按字典序升序")
print(list)                                            #输出所有排列
list = sorted(perms, reverse = True)                   #对排列进行排序
print("按字典序降序")
print(list)
print("使用自定义函数 my_permutation 求全排列:")
source = ['1', '2', '3']
result = my_permutation(source)
print(result)
for elm in result:
    print(int(elm), end = " ")
```

3. 数字填空

1~9 个数字的填空问题有很多,不同的问题可能各有各的算法。因为最大数是 9,复杂度 $O(n!)$ 是完全可以接受的,所以可以用全排列来解决 1~9 个数字的填空问题。

九宫格的填数问题是经典的数字填空问题。把 1~9 的数字填入九宫格(横竖都有 3 个格),使每行、每列以及两个对角线上的 3 个数之和都等于 15。可能有很多种填数的方案,比如有 m 种方案可以满足九宫格的填数要求。但是,如果九宫格没有定义方向,那么一个人站在左上角的格子里看到的某个方案的效果会和他站在右下角的格子里看到的某个方案的效果一样,其他点以此类推。按照这种逻辑去掉相同的,那么应该还剩 $m/8$ 种方案(即考虑旋转、镜像相同的属于同一种)。

例 5-7 九宫格填数字。

本例 ch5_7.py 使用 itertools 模块中的 permutations 函数给出了所有满足九宫格填数字要求的 8 种方案,运行效果如图 5.7 所示。如果考虑旋转、镜像相同的属于同一种,那么这 8 种方案

```
8 3 4      4 9 2
1 5 9      3 5 7
6 7 2      8 1 6

8 1 6      4 3 8
3 5 7      9 5 1
4 9 2      2 7 6

6 7 2      2 9 4
1 5 9      7 5 3
8 3 4      6 1 8

6 1 8      2 7 6
7 5 3      9 5 1
2 9 4      4 3 8
```

图 5.7 九宫格填数字

都是一样的。

ch5_7.py

```python
import itertools
def is_success(a):
    sums = [0] * 8
    sums[0] = a[0][0] + a[0][1] + a[0][2]          #第1行
    sums[1] = a[1][0] + a[1][1] + a[1][2]
    sums[2] = a[2][0] + a[2][1] + a[2][2]
    sums[3] = a[0][0] + a[1][0] + a[2][0]          #第1列
    sums[4] = a[0][1] + a[1][1] + a[2][1]
    sums[5] = a[0][2] + a[1][2] + a[2][2]
    sums[6] = a[0][0] + a[1][1] + a[2][2]          #正对角线
    sums[7] = a[2][0] + a[1][1] + a[0][2]
    return all(x == 15 for x in sums)
def fill(a, num):
    for i in range(3):
        for j in range(3):
            a[i][j] = num % 10
            num = num // 10
list_str = ["1", "2", "3", "4", "5", "6", "7", "8", "9"]
arr = itertools.permutations(list_str)
for perm in arr:
    a = [[0] * 3 for _ in range(3)]
    num = int(''.join(perm))
    fill(a, num)
    if is_success(a):
        for row in a:
            print(" ".join(map(str, row)))
#map(str, row)的结果是将 row 中的每个元素转换为字符串
        print("---------")
```

4. 迭代法求全排列

尽管可以使用 itertools 模块提供的复杂度是 $O(n!)$ 的 permutations()函数生成全部的全排列,但是如果程序想逐个地得到全部的全排列或一部分全排列,就需要掌握一种求全排列的算法。以下介绍经典的求全排列的迭代法。

按照字符串的字典序可以求全排列。字典序就是比较字符串中字符的大小。每个字符在 Unicode 表中都有自己的顺序位置,比如字符 a 的位置就是 97,即表达式(int)'a'的值是 97。字符 1~9 的位置分别是 49~57,即表达式'1'<'2'的值是 true。对于 std::string 对象的字符序列,字符串可以按字典序比较大小。比较大小的规则是:如果两者含有的字符完全相同,就称两者相等,否则,从左(0 索引位置开始)向右比较字符串中的字符,当在某个位置出现不相同的字符时,停止比较,两者根据该位置上字符的大小关系确定字典序的大小关系。比如按字典序 125364 小于 126453,6521 大于 65。

对于字符 1、2、3、5、6、7、8 组成的全排列,按字典序最小的是 12345678,最大的是 87654321。从最小的全排列(或最大的全排列)开始,按照字典序依次寻找下一个全排列,直到找到最大的(最小的)全排列为止,就可以给出全部的全排列。

这里通过找 34587621 的下一个全排列,介绍基于字典序找全排列的算法。

(1) 寻找正序相邻对。在全排列的相邻对中找到最后一对"正序相邻对"(小的在前,大的在后),例如:58 就是相邻对 34,45,58,76,62,21 中最后一对"正序相邻对",记作 pairLast。假设 pairLast 的起始位置是 k,那么这个全排列从位置 $k+1$ 开始的字符是按从大到小排列的

(相邻对是反序的,即大的在前,小的在后)。例如,34587621 的 pairLast：58 的起始位置是 2(字符串的起始位置是 0),从位置 2(图 5.8 数字 5 所在位置)后面开始是反序的 87621,如图 5.8 所示。

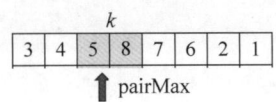

图 5.8　最后一对"正序相邻对"的起始位置

注意：如果找不到 pairLast,那么这个全排列一定是最大的那个全排列,例如 87654321 中就没有 pairLast。

(2) 寻找最小字符。在全排列的字符串中从 $k+1$ 位置开始找比 pairLast 的首字符大的字符中的最小字符,一定能找到这个最小字符,因为 $k+1$ 位置的字符就比 pairLast 的首字符大。最小字符以后的字符(假如有的话)都比 pairLast 的首字符小。例如,对于 pairLast：58,找到的字符是 6。字符 6 以后的字符(假如有的话)都比字符 5 小,如图 5.9 所示。

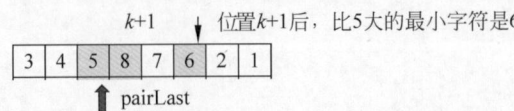

图 5.9　找到比 pairLast 的首字符大的字符的最小字符

(3) 最小字符与 pairLast 的首字符互换。将(2)中找到的最小字符与 pairLast 的首字符(k 位置上的字符)互换,例如对于 pairLast：58,找到的最小字符 6 和 58 的首字符 5 互换,互换后如图 5.10 所示。

(4) 反转子序列。把步骤(3)得到的全排列从 $k+1$ 位置开始的字符子序列反转(该字符子序列中也可能就一个字符),反转后如图 5.11 所示。

k								$k+1$						
3	4	6	8	7	5	2	1	3	4	6	1	2	5	7	8

图 5.10　位置 k 上的字符和最小字符互换后　　图 5.11　反转从 $k+1$ 位置开始的子序列

最后一步,即步骤(4)得到的全排列,刚好是当前全排列按照字典序的下一个全排列,例如,步骤(4)得到的 34612578 是 34587621(当前排列)的下一个排列。按照前面的步骤可知,原来的全排列和步骤(4)得到的全排列刚好在位置 k 出现了不相同的字符,而两个不相同的字符中前者小于后者。步骤(4)得到的全排列刚好是当前全排列按照字典序的下一个全排列的理由是,原来的排列从位置 $k+1$ 开始的字符是从小到大排列的,那么按照字典序,最后一步得到的全排列,例如 34612578 是刚好大于原来的全排列"34587621"的一个全排列。

例 5-8　迭代法求全排列。

本例 ch5_8.py 中的 findPermutation(lst)函数返回全排列 lst 的下一个全排列,时间复杂度是 $O(n)$,空间复杂度是 $O(n)$(因为仅仅是得到一个排列,所以此函数的时间和空间复杂度比 itertools 模块中的 permutations()函数低。ch5_8.py 使用 findPermutation(lst)逐个输出了 1,2,3,4 的全部全排列,运行效果如图 5.12 所示。

| 1234 | 1243 | 1324 | 1342 | 1423 | 1432 | 2134 | 2143 | 2314 | 2341 | 2413 | 2431 |
| 3124 | 3142 | 3214 | 3241 | 3412 | 3421 | 4123 | 4132 | 4213 | 4231 | 4312 | 4321 |

图 5.12　迭代法求全排列

ch5_8.py

```python
def findPermutation(lst):
    k = -1
    for i in range(len(lst) - 1):
        if lst[i] < lst[i + 1]:
            k = i
    if k == -1:
        return lst
    ch = lst[k]
    max_char = lst[k + 1]
    position = -1
    for i in range(k + 1, len(lst)):
        if lst[i] > ch and lst[i] <= max_char:
            position = i
            max_char = lst[i]
    find_char = lst[position]
    lst[position] = ch
    lst[k] = find_char
    sublist = lst[k + 1:]
    sublist.reverse()
    lst[k + 1:] = sublist
    return lst
start = ['1', '2', '3', '4']
last = ['4', '3', '2', '1']
while start != last:
    for c in start:
        print(c, end = '')
    print(" ", end = '')
    start = findPermutation(start)
for c in start:
    print(c, end = '')
```

5.7 列表与组合

1. itertools 模块与组合

在 Python 中,可以使用 itertools 模块中的 combinations() 函数来生成组合。

combinations(list,m):返回列表 list 元素中取 m 个元素的全部组合,该函数用元组表示一个一个组合,例如,对于 list=[1,2,3,4],$m=2$,返回的全部组合:

(1, 2), (1, 3), (1, 4), (2, 3), (2, 4), (3, 4)

程序可以将 combinations([1,2,3,4],2)得到的全部组合放到列表中。

例 5-9 求组合。

本例 ch5_9.py 使用 combinations(list,m)函数分别得到整数 1,2,3,4,5 取两个整数的全部组合、取 3 个整数的全部组合,运行效果如果 5.13 所示。

```
[1, 2, 3, 4, 5]取两个的组合:
[(1, 2), (1, 3), (1, 4), (1, 5), (2, 3), (2, 4), (2, 5), (3, 4), (3, 5), (4, 5)]
[1, 2, 3, 4, 5]取3个的组合:
[(1, 2, 3), (1, 2, 4), (1, 2, 5), (1, 3, 4), (1, 3, 5), (1, 4, 5), (2, 3, 4), (2, 3, 5), (2, 4, 5), (3, 4, 5)]
```

图 5.13 求组合

ch5_9.py

```python
import itertools
int_list = [1, 2, 3, 4, 5]
```

```
comb = list(itertools.combinations(int_list, 2))        # 生成长度为2的所有组合
print(f"{int_list}取两个的组合:")
print(comb)                                              # 输出所有组合
comb = list(itertools.combinations(int_list, 3))        # 生成长度为3的所有组合
print(f"{int_list}取 3 个的组合:")
print(comb)                                              # 输出所有组合;
```

2. 用迭代法求组合

尽管可以使用itertools模块提供的combinations()函数生成组合,但是如果想逐个地得到组合,就需要掌握一种求组合的算法。以下介绍经典的求组合的迭代法。

从 n 个不同的元素中取 r 个不同元素的组合数目,等价于从 n 个连续的自然数中取 r 个不同数的组合数目,这种等价性有利于描述算法,简化代码。本节的目的不是给出组合的数目,而是给出全部的具体组合。

比如,从 1、2、3、4、5、6 取 3 个数的组合如下:

[1,2,3][1,2,4][1,2,5][1,2,6][1,3,4][1,3,5][1,3,6][1,4,5][1,4,6][1,5,6]
[2,3,4][2,3,5][2,3,6][2,4,5][2,4,6][2,5,6][3,4,5][3,4,6][3,5,6][4,5,6]

[1,2,3]和[1,3,2]是不同的排列,但却是相同的组合。因此,表示组合时可以让组合里的数字都是升序的,这样一个组合就有如下特点。

假设从 n 个自然数取 r 个不同的数的一个组合如下:

$$c_0 c_1 \cdots c_i \cdots c_{r-1}$$

该组合中的每个数按顺序存放到一个顺序表 list 中。这个组合(注意是升序的)有这样的特点:

$$c_{r-1} \leqslant n, \quad c_{r-2} \leqslant n-1, \cdots, c_0 \leqslant n-(r-1)$$

即

$$c_i \leqslant n-(r-1)+i (i=0,1,\cdots,r-1)$$

根据组合的这个特点,从一个组合生成一个刚好比该组合大的组合(按字典序)的算法如下。

(1) 寻找满足(注意是小于)

$$c_i < n-(r-1)+i$$

的最大的 i。如果这样的 i 不存在,进行(3)。对于组合[1,3,6],

$$n=6, \quad c_0=1, \quad c_1=3, \quad c_2=6(r=3)$$

满足

$$c_i < n-(r-1)+i$$

的最大的 i 是 1。

假设满足

$$c_i < n-(r-1)+i$$

的最大的 i 是 k:

$$k = \max\{i : c_i < n-(r-1)+i\} (i=0,1,\cdots,r-1)$$

进行(2)。如果这样的 i 不存在,那么这个组合已经是最大的组合,例如,对于最大的组合[4,5,6],

$$n=6, \quad c_0=4, \quad c_1=5, \quad c_2=6(r=3)$$

显然,

$$c_i = n-(r-1)+i (i=0,1,2)$$

（2）将顺序表 list 中第 k 个节点的值自增，然后从第 $k+1$ 节点开始，每个节点的值设置为它的前置节点的值加 1，即得到当前组合的下一个组合。例如，从组合 $[1,3,6]$ $(k=1)$ 得到下一个组合 $[1,4,5]$。进行（3）。

（3）结束。

例 5-10 用迭代法求组合。

本例 ch5_10.py 中的 $C(n,r,\text{start})$ 函数返回组合 start 的下一个组合，时间复杂度是 $O(n)$，空间复杂度是 $O(n)$。本例使用 $C(n,r,\text{start})$ 函数输出从 6 个数中取 3 个数的全部组合，运行效果如图 5.14 所示。

```
1 2 3 | 1 2 4 | 1 2 5 | 1 2 6 | 1 3 4 | 1 3 5 | 1 3 6 | 1 4 5
1 4 6 | 1 5 6 | 2 3 4 | 2 3 5 | 2 3 6 | 2 4 5 | 2 4 6 | 2 5 6
3 4 5 | 3 4 6 | 3 5 6 | 4 5 6
```

图 5.14 迭代法求组合

ch5_10.py

```python
def C(n, r, start):
    k = -1
    for i in range(r):
        if start[i] < n - r + i + 1:
            k = i
    if k == -1:
        return []
    start[k] += 1
    for i in range(k + 1, r):
        start[i] = start[i - 1] + 1
    return start
def Y(n, j):  # 见第 3 章例 3-9 中的 ALG3_9.py
    if j == 0 or j == n:
        return 1
    return Y(n - 1, j - 1) + Y(n - 1, j)
n = 6
r = 3
start = list(range(1, r + 1))
print(*start, sep=" ", end=" | ")
m = Y(n, r)  # 从 n 个数里取 r 个数的组合总数是杨辉三角形第 n 行第 r 列上的值(例 3-9)
for _ in range(m):
    next_list = C(n, r, start)
    start = next_list
    if next_list:
        print(*next_list, sep=" ", end=" | ")
```

注意：在 Python 中，*start 是一种语法，用于在打印列表时将列表中的元素作为参数传递给 print 函数。这种语法被称为"解包"语法，它将列表中的元素解包并作为独立的参数传递给函数。例如，如果 start 是一个列表，包含元素 $[1,2,3]$，那么 *start 把列表解包为 1,2,3，然后作为独立的参数传递给 print 函数。这样可以使得 print 函数打印出列表中的元素，而不是打印整个列表。

3. 组合与砝码称重

大家可能经常遇到称重问题：假设有 n 个重量不同的砝码各一枚，例如 4 个重量分别为 1 克、3 克、5 克和 8 克的砝码。

（1）能给出多少种不同的称重方案？

（2）能称出多少种重量？

问题（1）属于组合数学问题，相对比较简单，答案就是下列组合数目的和：

$$C_n^0 + C_n^1 + \cdots + C_n^r + \cdots + C_n^n = 2^n$$

其中，C_n^r 从 n 个不同的元素中取 r 个不同元素的组合数目，C_n^r 刚好是杨辉三角形第 n 行第 r 列上的值（行和列从 0 开始），即杨辉三角形第 n 行的数字之和是 2^n。数学上认为 C_n^0 等于 1，等价于称 0 重，即不拿任何砝码也算一种称重方案。但是在实际应用中，一般不考虑 0 重的物体。因此，问题(1)的答案就是有 2^n-1 种方案。就称重方案而言，认为用一个 5 克的砝码称出 5 克的重量，和用一个 2 克的砝码、一个 3 克的砝码称出 5 克的重量是两种不同的方案。

问题(2)就属于组合数学和编程的综合问题。如果一共有 m 种方案，一共能称出 n 种重量，那么一定有 $n \leqslant m$，理由是有些组合可能称出相同的重量，比如用一个 5 克的砝码可以称出 5 克重量，用一个 2 克的砝码和一个 3 克的砝码同样也可以称出 5 克的重量。

解决问题(2)的一个算法就是遍历全部的组合，当发现能称出相同的重量的组合（即方案）时，保留一个即可。

如果允许砝码放在天平的两端（允许放在被称重的物体一端），那么就把另一端（被称重的物体一端）的砝码拿回到放置砝码的一端并变成"负码"（重量是负数），则将问题转化为砝码只放天平一端的情况。

例 5-11 用天平称重量

本例 ch5_11.py 中的 weight_combinations(weight_list) 函数返回 weight_list 列表给出的重量不同的砝码各一枚能称出的各种重量。本例显示了用重量是 1、3、5、8 的砝码（这里省去重量单位）能称出的各种非 0 的重量（包括砝码放天平两端的情况），运行效果如图 5.15 所示。

```
4个砝码[1, 3, 5, 8].
砝码只放在天平的一端可以称出13种重量:
[1, 3, 4, 5, 6, 8, 9, 11, 12, 13, 14, 16, 17]
砝码可以放在天平的两端可以称出17种重量:
[1, 2, 3, 4, 5, 6, 7, 8, 9, 10, 11, 12, 13, 14, 15, 16, 17]
```

图 5.15 用天平称重量

ch5_11.py

```python
import itertools
def weight_combinations(weight_list):
    result = []
    for r in range(1, len(weight_list) + 1):
        combinations = itertools.combinations(weight_list, r)
        for combo in combinations:
            total_weight = abs(sum(combo))      #取绝对值、允许有负码
            if total_weight > 0 and total_weight not in result:
                result.append(total_weight)
    result.sort()
    return result
weight_list = [1,3,5,8]                         #砝码重量列表
print(f"{len(weight_list)}个砝码{weight_list}.")
result = weight_combinations(weight_list)
print(f"砝码只放在天平的一端可以称出{len(result)}种重量:")
print(result)
weight_list = [1,3,5,8,-1,-3,-5,-8]             #有负码,砝码可以放两端
result = weight_combinations(weight_list)
print(f"砝码可以放在天平的两端可以称出{len(result)}种重量:")
print(result)
```

5.8 列表与生命游戏

生命游戏属于二维细胞自动机的一种，是英国数学家 John Horton Conway（约翰·何顿·康威）在1970年发明的一种特殊二维细胞自动机。它将二维平面上的每一个格子看成是一个细胞生命体，每个细胞生命都有"生"和"死"两种状态，每一个细胞的旁边都有邻居细胞存在，例如把3×3的9个格子构成的正方形看成一个基本单位的话，那么这个正方形中心的细胞的邻居就是它旁边的8个细胞（至多8个）。

一个细胞的下一代的生死状态变化遵循下面的生命游戏算法（如图5.16所示）。

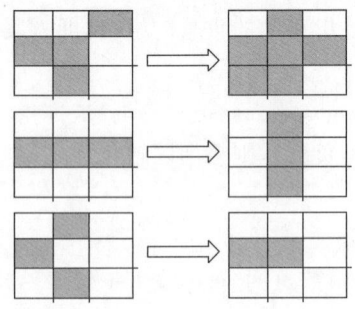

图5.16 生命游戏算法

（1）细胞的周围有3个细胞为生，下一代该细胞为生（当前细胞若原先为死，则转为生，若原先为生，则保持不变）。

（2）细胞周围有两个细胞为生，下一代该细胞的生死状态保持不变。

（3）细胞周围是其他情况，下一代该细胞为死（即该细胞若原先为生，则转为死，若原先为死，则保持不变）。

对于二维有限细胞空间（有限的格子（细胞）数目），从某个初始状态开始，经过一定时间运行后，细胞空间可能趋于一个空间平稳的构形，称进入平稳状态，即每一个细胞处于固定状态，不随时间变化而变化。但是有时也会进入一个周期状态，即在几个状态中周而复始。

例 5-12 生命游戏。

本例 ch5_12.py 的函数 next_life_state(life) 给出生命游戏当前状态 life 的下一代的 next_life。本例 next_life_state(life) 函数输出生命游戏中生命状态的变化，运行效果如图5.17所示。

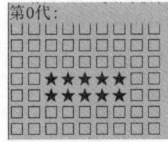
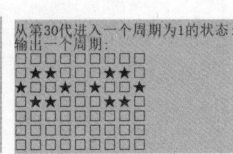

图5.17 生命游戏

ch5_12.py

```
def equals(a, b):
    if len(a) != len(b):
        return False
    for i in range(len(a)):
        if a[i] != b[i]:
            return False
    return True
def copy_of(a):
    return [row[:] for row in a]
def output(a):
    for row in a:
        for cell in row:
            if cell == 1:
                print("★", end = "")
            else:
                print("□", end = "")
```

```python
            print()
        for _ in range(len(a[0])):
            print(" ** ", end = "")
        print()
def next_life_state(life):
    m = len(life)
    n = len(life[0])
    copy = copy_of(life)
    for i in range(m):
        for j in range(n):
            live_cells_counts = 0
            for x in range(max(0, i - 1), min(m, i + 2)):
                for y in range(max(0, j - 1), min(n, j + 2)):
                    if x != i or y != j:
                        live_cells_counts += copy[x][y]
            if live_cells_counts == 3:
                life[i][j] = 1
            elif live_cells_counts == 2:
                pass
            else:
                life[i][j] = 0
    return life
life = [[0,0,0,0,0,0,0,0,0],
        [0,0,0,0,0,0,0,0,0],
        [0,0,0,0,0,0,0,0,0],
        [0,0,1,1,1,1,1,0,0],
        [0,0,1,1,1,1,1,0,0],
        [0,0,0,0,0,0,0,0,0],
        [0,0,0,0,0,0,0,0,0]]
map = {}
key = 0
map[key] = copy_of(life)
is_same = False
while not is_same:
    print(f"第{key}代:")
    output(life)
    life = next_life_state(life)
    for i in range(len(map)):
        if equals(life, map[i]):
            iteration = i
            period = len(map) - i
            is_same = True
            break
    key += 1
    map[key] = copy_of(life)
print(f"从第{iteration}代进入一个周期为{period}的状态:")
print("输出一个周期:")
life = map[iteration]
for _ in range(period):
    output(life)
    life = next_life_state(life)
```

注意：本列用到了字典（见第 9 章），它是一种用于存储键-值对的数据结构。在本例中的 map 字典用于存储生命状态的迭代次数和对应状态。

5.9 列表的公共子列表

如果列表 a 的某个子列表和列表 b 的某个子列表的长度相同(不要求两个子列表的起始索引相同),所包含的元素值也依次相同,就称二者有公共子列表。

例如,列表:

```
[7,2,3,8,5,6,9,1]
```

和

```
[9,6,2,3,8,7,2]
```

有 3 个公共子列表:

```
[9] [7 2] [2 3 8]
```

寻找公共子列表有个简单的算法,称为向左(对偶是向右)滑动法,算法描述如下:

让长度小的列表,比如列表 b 的首元素和列表 a 的尾元素对齐,即 b 的左端和 a 的右端对齐,然后进行异或运算,运算结果存放到一个其他列表 c 中,让列表 b 按一个元素为单位向左依次移动(滑动),每移动一个元素,进行异或运算,运算结果存放到列表 c 中。列表 b 一直向左移动,直到列表 b 的尾部和列表 a 的首元素对齐。

那么在左移的过程中,列表 a 和列表 b 二者的所有公共子列表一定会出现左对齐的情况,如图 5.18 所示。

由异或运算法则可知,相同的整数异或的结果是 0,那么只要根据列表 c 中连续出现的 0 的个数,就可以找到一个最大的公共子列表。

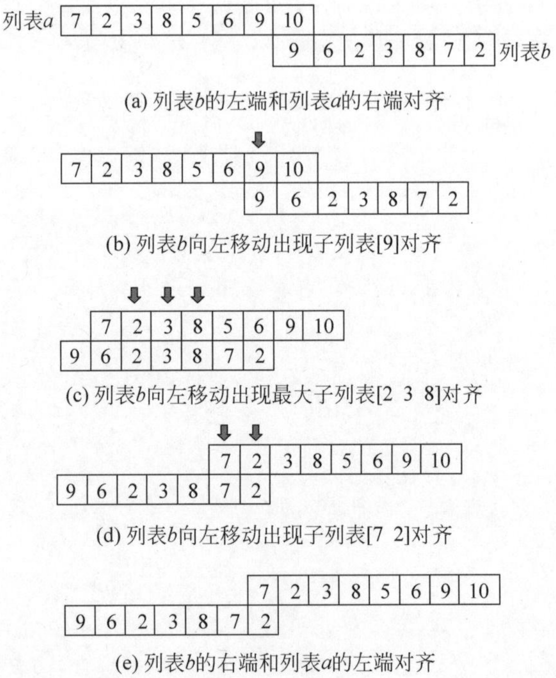

(a) 列表b的左端和列表a的右端对齐

(b) 列表b向左移动出现子列表[9]对齐

(c) 列表b向左移动出现最大子列表[2 3 8]对齐

(d) 列表b向左移动出现子列表[7 2]对齐

(e) 列表b的右端和列表a的左端对齐

图 5.18 向左滑动法

例 5-13 寻找一个最大公共子列表。

本例 ch5_13.py 中的 continueZeroMaxCount(a,saveIndex)函数返回列表 a 中连续出现

0 的最大个数,并将连续 0 的结束位置存放在 saveIndex 列表中、findMaxCommon(a,b)函数返回两个列表的一个最大公共子列表,本例输出了两个列表的最大公共子列表、两个字符序列的一个最大公共子串,效果如图 5.19 所示。

```
[7, 2, 3, 8, 5, 6, 9, 6, 5, 6, 7, 8, 2]
[9, 6, 2, 3, 8, 7, 7, 2, 8, 9]
最大公共子列表:
[2, 3, 8]
it is raining heavily. the school is off
Our school is far from home
最大公共子串:
 school is
```

图 5.19 寻找一个最大公共子列表

ch5_13.py

```python
def continueZeroMaxCount(a, saveIndex):
    count = 0
    max_count = 0
    for i in range(len(a)):
        if a[i] == 0:
            count += 1
            max_count = count
            saveIndex[0] = i
        elif a[i] != 0:
            count = 0
    return max_count
def rotateLeft(a):
    temp = a[0]
    for i in range(1, len(a)):
        a[i-1] = a[i]
    a[len(a)-1] = temp
def findMaxCommon(a, b):
    if len(a) < len(b):
        a, b = b, a
    a_large = [0] * (len(a) + 2 * len(b) - 2)
    b_large = [1] * (len(a) + 2 * len(b) - 2)
    xorResult = [-1] * (len(a) + 2 * len(b) - 2)
    indexEnd = [0]
    max_common = 0
    index = 0
    saveCommon = None
    start = len(b) - 1
    for i in range(len(a)):
        a_large[i+start] = a[i]
    start = len(b) - 1 + len(a) - 1
    for i in range(len(b)):
        b_large[i+start] = b[i]
    for i in range(len(a_large)):
        xorResult[i] = a_large[i] ^ b_large[i]
    m = continueZeroMaxCount(xorResult, indexEnd)
    for k in range(1, len(a) - 1 + len(b) - 1):
        rotateLeft(b_large)
        for i in range(len(a_large)):
            xorResult[i] = a_large[i] ^ b_large[i]    #异或运算
        m = continueZeroMaxCount(xorResult, indexEnd)
        if m >= max_common:
            max_common = m
            index = indexEnd[0]
            saveCommon = b_large[index - max_common + 1 : index + 1]
    return saveCommon
a = [7, 2, 3, 8, 5, 6, 9, 6, 5, 6, 7, 8, 2]
b = [9, 6, 2, 3, 8, 7, 7, 2, 8, 9]
common = findMaxCommon(a, b)
print(a)
print(b)
```

```
print("最大公共子列表:")
print(common)
str1 = "it is raining heavily. the school is off"
str2 = "Our school is far from home"
arr1 = list(str1)
arr2 = list(str2)
p = [ord(c) for c in arr1]              #将字符转换为对应的 ASCII 码列表
q = [ord(c) for c in arr2]
print("".join(arr1))
print("".join(arr2))
print("最大公共子串:")
common = findMaxCommon(p, q)
print("".join([chr(c) for c in common]))
```

5.10 列表与堆

列表是线性结构、存储结构是顺序存储,使得列表适合查询数据,但不适合删除和插入操作。可以使用 heapq 模块提供的函数将列表转换为树状结构,但存储结构仍然是顺序存储,即得到一个基于列表的堆。

1. 堆的结构与特性

堆(heap)是一种特殊的二叉树结构,满足:父结点的值小于或等于子结点的值,称为最小堆,如图 5.20 所示(父结点的值大于或等于其子结点的值称为最大堆)。堆的特性是插入和弹出(删除)结点的时间复杂度都是 $O(\log_2 n)$ 操作,向堆中插入 n 个数据相当于对这些数据进行排序操作,排序这些数据的时间复杂度是 $O(n\log_2 n)$(称为堆排序)。

2. heapq 模块

Python 的 heapq 模块提供了对最小堆的支持、使用一个列表 heap 来实现堆,其中列表 heap 的最小值被作为堆顶(堆的最小值是堆所维护的列表 heap 的首元素),列表 heap 的其他元素表示堆的其他部分。heapq 模块提供的函数会根据堆的结构来维护和操作这个列表、确保堆的特性得以保持。heapq 模块提供了一些函数来进行堆操作,包括向堆中插入结点、从堆中弹出结点,例如 heapq.heappush(heap, data)将数据为 data 的结点插入堆中、heapq.heappop(heap)从堆中弹出最小的结点(称为弹顶)。尽管堆是通过列表来实现的,但要使用 heapq 模块提供的函数来操作堆,不要直接使用列表的方法来操作 heap,否则无法体现堆的特性。简单来说,当使用堆来管理数据时,导入 heapq 模块(不需要实例化一个类),然后直接调用它提供的函数创建堆、操作堆。

3. 将列表转换为堆

heapq 模块的 heapify(list)函数可以直接将列表 list 转换为堆。

4. 删除堆中某个元素

一个堆 heap 同时也是一个列表,让列表进行删除操作:heap.remove(value)(时间复杂度是 $O(n)$),然后执行 heapq.heapify(heap)恢复 head 的堆特性。

5. 返回从大到小排序的列表

heapq.nlargest(m,heap):返回堆中从最大值开始的从大到小排序的 m 个元素组成的列表。

6. 堆的演化过程

堆的数据存储是顺序存储,数据的逻辑结构是二叉树结构,即堆所处的列表是堆的存储结构,而模块的函数可以确保堆的逻辑结构和堆的特性得到维护。下列(1)~(8)演示了堆

heap=[1,1,2,5,8,9,9]的弹顶过程,即演示了堆和相应的二叉树逻辑结构的演化过程。

(1) heap=[1,1,2,5,8,9,9]对应的二叉树逻辑结构如图5.20所示。

(2) 执行heapq.heappop(heap)弹顶,即删除并返回堆顶的最小值1,堆heap演变为[1,2,9,5,8,9],此刻heap对应的二叉树逻辑结构如图5.21所示。

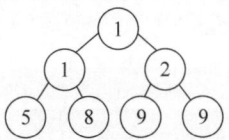 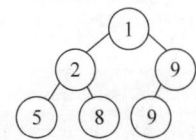

图5.20　堆[1,1,2,5,8,9,9]对应的二叉树逻辑结构　　图5.21　堆[1,2,9,5,8,9]对应的二叉树逻辑结构

(3) 执行heapq.heappop(heap)弹顶,即删除并返回堆顶的最小值1,堆heap演变为[2,5,9,9,8],此刻heap对应的二叉树逻辑结构如图5.22所示。

(4) 执行heapq.heappop(heap)弹顶,即删除并返回堆顶的最小值2,堆heap演变为[5,8,9,9],此刻heap对应的二叉树逻辑结构如图5.23所示。

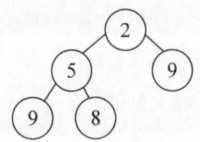 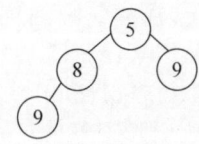

图5.22　堆[2,5,9,9,8]对应的二叉树逻辑结构　　图5.23　堆[5,8,9,9]对应的二叉树逻辑结构

(5) 执行heapq.heappop(heap)弹顶,即删除并返回堆顶的最小值5,堆heap演变为[8,9,9],此刻heap对应的二叉树逻辑结构如图5.24所示。

(6) 执行heapq.heappop(heap)弹顶,即删除并返回堆顶的最小值8,堆heap演变为[9,9],此刻heap对应的二叉树逻辑结构如图5.25所示。

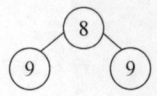 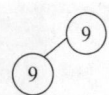

图5.24　堆[8,9,9]对应的二叉树逻辑结构　　图5.25　堆[9,9]对应的二叉树逻辑结构

(7) 执行heapq.heappop(heap)弹顶,即删除并返回堆顶的最小值9,堆heap演变为[9],此刻heap对应的二叉树逻辑结构如图5.26所示。

图5.26　堆[9]对应的二叉树逻辑结构

(8) 执行heapq.heappop(heap)弹顶,即删除并返回堆顶的最小值9,堆heap演变为空堆,此刻heap对应的二叉树为空树。

注意：由于堆是使用列表实现的,也称堆的结点为元素。

```
堆排序前的列表:
2 1 1 9 8 5 9
堆顶的值（列表的最小值）: 1
堆中3个从大到小的值: [9, 9, 8]
堆中最大值之一（列表的最大值之一）: 9
堆排序后的列表:
1 1 2 5 8 9 9
堆排序前的列表:
3 1 5 -10 5 19 2 6
堆顶的值（列表的最小值）: -10
向堆插入新值: 15
删除一个值是5的元素
堆排序后的列表:
-10 1 2 3 5 6 15 19
```

图5.27　列表与堆

例5-14　列表与堆。

本例ch5_14.py中的get_head(lst)函数将列表lst转换为堆,并使用heapq模块的常用函数操作堆,运行效果如图5.27所示。

ch5_14.py

```
import heapq
def get_head(lst):        ＃将列表lst转换成堆
```

```python
    heap = []                                           ♯空列表作为堆的成员
    for data in lst:
        heapq.heappush(heap, data)                      ♯将数据插入堆中
    return heap
list_int = [2, 1, 1, 9, 8, 5, 9]                        ♯列表
print("堆排序前的列表:")
for num in list_int:                                    ♯按列表索引顺序输出 list_int
    print(num, end = " ")
print()
heap = get_head(list_int)
print("堆顶的值(列表的最小值):",heap[0])
argest_list = heapq.nlargest(3, heap)                   ♯返回从大到小排列的三个元素组成的列表
print("堆中 3 个从大到小的值:",argest_list)
print("堆中最大值之一(列表的最大值之一):",argest_list[0])
print("堆排序后的列表:")
while heap:
    print(heapq.heappop(heap), end = " ")               ♯从小到大输出 heap(堆排序)
print()
list_int = [3, 1, 5, -10, 5, 19, 2, 6]
print("堆排序前的列表:")
for num in list_int:                                    ♯按列表索引顺序输出 list_int
    print(num, end = " ")
print()
heapq.heapify(list_int)                                 ♯将列表转换为堆
print("堆顶的值(列表的最小值):",list_int[0])
new_value = 15;
print("向堆插入新值:",new_value)
heapq.heappush(list_int,new_value)
del_value = 5
print(f"删除一个值是{del_value}的元素")
pos = list_int.remove(del_value)
heapq.heapify(list_int)                                 ♯将列表恢复为堆
print("堆排序后的列表:")                                  ♯从小到大输出堆的元素(堆排序)
while list_int:
    print(heapq.heappop(list_int), end = " ")
```

注意：堆是很好的一种数据结构，具有双重属性，当不需要堆的特性时，可以使用列表的方法来操作它；当需要堆的特性时使用 heapq 提供的函数操作它。

习题 5

第 6 章 栈

本章主要内容
- 栈的特点；
- 栈的创建与独特的函数；
- 栈与回文串；
- 栈与递归；
- 栈与括号匹配；
- 栈与深度优先搜索；
- 栈与后缀表达式；
- 栈与 undo 操作。

第 4 章和第 5 章我们分别学习了数组和列表，二者都是顺序表。本章讲解栈，栈也是线性表的一种具体形式，可以是顺序存储或链式存储，即节点的物理地址是依次相邻的或不相邻的。

6.1 栈的特点

栈(stack)又名堆栈，节点的逻辑结构是线性结构，即是一个线性表。栈的特点是擅长在线性表的尾端(节点序列的尾)进行相关的操作，例如添加、删除尾节点，查看尾节点中的数据。由于栈擅长在尾端进行相关操作，就把尾端称为栈顶，即栈顶是尾节点。相对地，把另一端(节点序列的头)称为栈底，即栈底是头节点。

向栈尾(线性表的尾端)添加新尾节点被称作压栈操作，简称压栈，压栈是把新节点放到栈顶，使之成为新的栈顶。向栈尾端添加新尾节点也被称作进栈、入栈。删除栈尾节点被称作弹栈操作，简称弹栈，弹栈是把栈顶节点删除，使其相邻的节点成为新的栈顶。删除栈尾节点也被称作出栈、退栈。查看栈顶节点中的数据、但不删除栈顶节点、被称作窥探。

栈擅长在线性表的尾部，即栈顶操作，甚至可以将线性表实现成只在尾部操作，所以人们也称栈是受限的线性表。压栈时，最先进栈的节点在栈底，最后进栈的节点在栈顶(俗话说，垒墙的砖，后来者居上)，弹栈时，从栈顶开始弹出节点，最后一个弹出的节点是栈底节点。

栈是一种后进先出的数据结构，简称 LIFO(Last In First Out)，如图 6.1 所示。为了形象，图 6.1 把线性结构竖立，尾节点是栈顶、头节点是栈底。

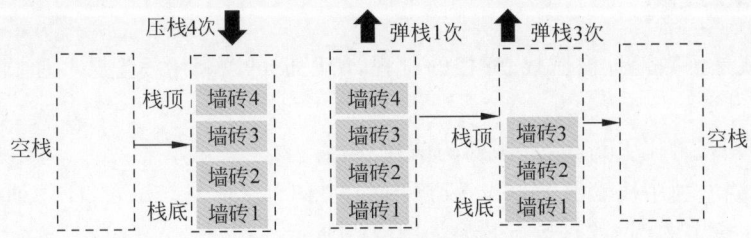

图 6.1 栈的特点

6.2 列表担当栈角色

如果只在尾端操作列表,就可以把列表当栈来使用,那么这样的栈是顺序存储。列表是顺序存储,以下称栈的节点为元素。

列表的下列两个方法分别是栈的压栈(进栈)和弹栈(出栈)操作。

(1) append(value):向列表末尾添加一个值为 value 的元素(时间复杂度为 $O(1)$)。

(2) pop():删除列表尾元素并返回这个尾元素的值(时间复杂度为 $O(1)$)。

回文串是指和其反转(倒置)相同的字符串,例如

"racecar","123321","level","toot","civic","pop","eye","rotator","pip"

都是回文串。如果一个字符串的长度是偶数,只要判断字符串的前一半和后一半的反转是否相同即可,如果一个字符串的长度是奇数,只要忽略字符串中间的字符,然后判断字符串的前一半和后一半的反转是否相同即可。那么利用栈的特点,首先将字符串中的全部字符逐个进栈,然后弹出栈中的一半多个字符压入另一个栈,再比较两个栈中的字符是否相同,就可以判断一个字符串是否是回文串。

例 6-1 利用栈判断字符串是否为回文串。

本例 ch6_1.py 利用栈判断几个字符串是否是回文串,运行效果如图 6.2 所示。

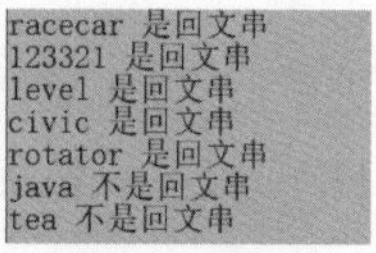

```
racecar 是回文串
123321 是回文串
level 是回文串
civic 是回文串
rotator 是回文串
java 不是回文串
tea 不是回文串
```

图 6.2 利用栈判断回文串

ch6_1.py

```python
def is_palindrome(word):
    stack1 = list(word)
    stack2 = []
    n = len(word)
    count = n // 2
    while count > 0:
        stack2.append(stack1.pop())
        count -= 1
    if n % 2 != 0:
        stack1.pop()         #不要中间的字符
    return stack1 == stack2
strings = ["racecar", "123321", "level", "civic", "rotator", "java", "tea"]
for s in strings:
    if is_palindrome(s):
        print(s, "是回文串")
    else:
        print(s, "不是回文串")
```

6.3 栈与递归

递归过程就是函数地址被压栈、弹栈的过程,所以也可以利用栈把某些递归算法改写为迭代算法。

例 6-2 利用栈输出 Fibonacci 序列的前几项。

本例 ch6_2.py 利用栈输出 Fibonacci 序列的前 16 项(有关 Fibonacci 序列的知识点和递归算法参见第 3 章中的例 3-2),运行效果如图 6.3 所示。

```
1 1 2 3 5 8 13 21 34 55 89 144 233 377 610 987
```

图 6.3　利用栈输出 Fibonacci 序列的前 16 项

ch6_2.py

```python
def fibonacci():
    stack = []
    f1 = 1
    f2 = 1
    stack.append(f2)
    stack.append(f1)
    print(f1, end = " ")
    k = 1
    while k < 16:
        f1 = stack.pop()
        f2 = stack.pop()
        print(f2, end = " ")
        next_val = f1 + f2
        stack.append(next_val)
        stack.append(f2)
        k += 1
fibonacci()
```

6.4　栈与括号匹配

括号总是成对出现的，大家在编写程序的源文件时应该养成好习惯，当输入一个左括号时就应该随后输入一个右括号，再输入其他内容。在使用 IDE 开发工具编辑源文件时，每键入一个左括号，IED 的编辑器会自动补上一个对应的右括号，这是为了防止大家忘记输入相应的右括号，从而引起不必要的编译错误。

栈的特点使得它很适合被用来检查一个字符串中的括号是否是匹配的，即左、右括号是否是成对的。算法描述如下。

（1）遍历字符串的每个字符，遇到左括号时压栈。

（2）遇到右括号，如果此时栈为空，字符串中就出现了括号不匹配现象。如果栈不空，弹栈。如果字符串中的括号是匹配的，按照栈的特点，当遍历字符串遇到右括号时，此刻栈顶节点中的括号一定是和它相匹配的左括号，如果不是这样，字符串中的括号就出现了不匹配现象。

（3）遍历完字符串后，栈必须成为空栈，否则就说明有剩余的左括号，字符串中的括号就出现了不匹配现象。

例 6-3　检查括号是否匹配。

本例 ch6_3.py 中的 is_match(s) 函数判断字符串 s 中的括号是否是匹配的，运行效果如图 6.4 所示。

```
(hello {boy}[java]) 中的括号都是匹配的吗?
True
class{ void f() {} int a[]} 中的括号都是匹配的吗?
True
if(x)0 {} 中的括号都是匹配的吗?
False
```

图 6.4　检查括号是否匹配

ch6_3.py

```python
def is_match(s):
    is_ok = True
    stack = []
    for c in s:
```

```python
            if c in ['(', '(', '[', '{']:                  # 如果是左括号,压栈
                stack.append(c)
            elif c in [')', ')', ']', '}']:                # 如果是右括号,弹栈
                if not stack:
                    return False                           # 括号不匹配
                else:
                    left = stack.pop()                     # 栈顶的左括号,应该是和c匹配成对
                    if (c == ')' and left != '(' or (c == ')' and
                        left != '(' or (c == ']' and
                        left != '[' or (c == '}' and left != '{'):
                        is_ok = False
                        break
    if stack:
        return False
    return is_ok
str1 = "(hello {boy}[java])"
print(str1, "中的括号都是匹配的吗?")
print(is_match(str1))
str2 = "class{ void f() {} int a[]}"
print(str2, "中的括号都是匹配的吗?")
print(is_match(str2))
str3 = "if(x>0 {}"
print(str3, "中的括号都是匹配的吗?")
print(is_match(str3))
```

6.5 栈与深度优先搜索

深度优先搜索(Depth First Search,DFS)和广度优先搜索(Breadth First Search,BFS)都是图论里关于图的遍历的算法(见第 13 章 13.5 节),但 DFS 算法的思想可以用于任何恰好适合使用 DFS 的数据搜索问题,不仅仅限于图论中的问题。

深度优先搜索算法,在进行遍历或者说搜索的时候,选择一个没有被搜过的节点,按照深度优先:一直往该节点的后续路径节点进行访问,直到该路径的最后一个节点,然后再从未被访问的邻节点进行深度优先搜索,重复以上过程,直到所有节点都被访问或搜索到指定的某些特殊节点,算法结束。

讲解 DFS 思想的一个很好的例子是老鼠走迷宫。老鼠走迷宫的一个策略就是见路就走,一直走到出口或无路可走,如果无路可走就要回到上一个路口,再选择一条路走下去,一直走到出口或无路可走,如此这般,如果有出口,老鼠一定能走到出口,如果没有出口,老鼠一定会尝试了所有的路口,发现无法达到出口。用生活中的话讲,深度优先搜索算法的思想就是"不撞南墙不回头"。

前面曾用递归算法模拟过老鼠走迷宫,见第 3 章的例 3-10。本节使用栈模拟老鼠走迷宫,所实现的算法属于迭代算法。

栈的特点是后进先出(先进后出)恰好能体现深度优先。队列的特点是先进先出(后进后出),恰好体现广度优先(见第 7 章的 7.6 节)。

老鼠走迷宫的算法描述如下。

初始化:将老鼠的出发点(入口)压入栈。

(1) 检查老鼠是否到达出口,如果到达出口,进行(3),否则进行(2)。

(2) 进行弹栈操作,如果栈是空,提示无法到达出口,进行(3)。如果弹栈成功,检查从栈中弹出的点是否是出口,如果是出口,提示到达出口,进行(3),否则把弹出的点标记为尝试过

的路点(不再对尝试过的路点进行压栈操作,老鼠可以直接穿越这些标记过的路点),然后把弹出的路点的周围(东、西、南、北)的路点压入栈,但不再对尝试过的路点进行压栈操作,然后进行(1)。

(3) 算法结束。

例 6-4 用栈模拟老鼠走迷宫。

本例 ch6_4.py 中使用 move_in_maze(maze,rows,columns)函数走迷宫。老鼠走过迷宫后,列表中元素值是 1 表示墙,0 表示老鼠未走过的路,−1 表示老鼠走过的路,2 表示出口。对于其中一个迷宫,老鼠无法到达路口,因为任何路都无法到达出口,对于另外一个迷宫,老鼠成功到达出口,运行效果如图 6.5 所示。

```
0是路,1是墙,-1是老鼠走过的路,2是出口.
无法到达出口的迷宫:
0 0 0 1 1 1 1
1 0 0 0 0 1 1
1 1 0 1 0 0 1
1 0 0 0 1 1 1
1 0 0 0 0 1 2
老鼠到达过的位置:(0,0)(0,1)(1,1)(1,2)(2,2)(3,2)(4,2)(4,3)(3,3)(4,1)(3,1)(3,3)(3,1)(1,3)(1,4)(2,4)(2,5)(0,2)(0,2)无法到达出口.
-1 -1 -1 1 1 1 1
-1 -1 -1 -1 -1 1 1
1 1 -1 1 -1 -1 1
1 -1 -1 -1 1 1 1
1 -1 -1 -1 -1 1 2
可以到达出口的迷宫:
0 0 0 1 1 1 1
1 0 0 0 0 0 0
1 1 0 1 0 0 1
1 0 0 0 1 0 1
1 0 0 0 0 0 2
老鼠到达过的位置:(0,0)(0,1)(1,1)(1,2)(2,2)(3,2)(4,2)(4,3)(4,4)(4,5)到达出口:(4,6)
-1 -1 0 1 1 1 1
1 -1 -1 0 0 0 0
1 1 -1 1 0 0 1
1 0 -1 0 1 0 1
1 0 -1 -1 -1 -1 0
```

图 6.5 用栈模拟老鼠走迷宫

ch6_4.py

```python
class Point:
    def __init__(self, initial_x, initial_y):
        self.x = initial_x
        self.y = initial_y
    def get_x(self):
        return self.x
    def get_y(self):
        return self.y
def move_in_maze(maze, rows, columns):
    success = False           #是否走迷宫成功
    x = 0                     #老鼠初始位置
    y = 0                     #老鼠初始位置
    stack = []
    point = Point(x, y)
    stack.append(point)
    print("老鼠到达过的位置:", end = "")
    while not success:        #未走到迷宫出口
        if stack:
            point = stack.pop()
        else:
            print("无法到达出口.")
            return
        x = point.get_x()
        y = point.get_y()
        if maze[x][y] == 2:   #是出口
            success = True
            maze[x][y] = -1   #此点不再压栈
```

```python
                print(f"到达出口:({x},{y})", end = "")
            else:
                maze[x][y] = -1                    # 表示老鼠到达过该位置,此点不再压栈
                print(f"({x},{y})", end = "")
                if y - 1 >= 0 and (maze[x][y - 1] == 0 or maze[x][y - 1] == 2):  # 西是路
                    stack.append(Point(x, y - 1))  # 压栈
                if x - 1 >= 0 and (maze[x - 1][y] == 0 or maze[x - 1][y] == 2):  # 北是路
                    stack.append(Point(x - 1, y))  # 压栈
                if y + 1 < columns and (maze[x][y + 1] == 0 or maze[x][y + 1] == 2):
                    stack.append(Point(x, y + 1))  # 压栈
                if x + 1 < rows and (maze[x + 1][y] == 0 or maze[x + 1][y] == 2):
                    stack.append(Point(x + 1, y))  # 压栈
        print()
def show(a, rows, columns):
    for i in range(rows):
        for j in range(columns):
            print(f"{a[i][j]:3}", end = "")
        print()
def move():
    print("0是路,1是墙,-1是老鼠走过的路,2是出口.")
    rows = 5
    columns = 7
    maze = [[0, 0, 0, 1, 1, 1, 1],
            [1, 0, 0, 0, 0, 1, 1],
            [1, 1, 0, 1, 0, 0, 1],
            [1, 0, 0, 0, 1, 1, 1],
            [1, 0, 0, 0, 0, 1, 2]]
    print("无法到达出口的迷宫:")
    show(maze, rows, columns)
    move_in_maze(maze, rows, columns)
    print()
    show(maze, rows, columns)
    print()
    a = [[0, 0, 0, 1, 1, 1, 1],
         [1, 0, 0, 0, 0, 0, 0],
         [1, 1, 0, 1, 0, 0, 1],
         [1, 0, 0, 0, 1, 0, 1],
         [1, 0, 0, 0, 0, 0, 2]]
    print("可以到达出口的迷宫:")
    show(a, rows, columns)
    move_in_maze(a, rows, columns)
    print()
    show(a, rows, columns)
move()
```

6.6 栈与后缀表达式

本节提到的表达式都是指算术表达式。

1. 中缀表达式

算术运算符(＋,－,＊,/,％)都是二元运算符,即对两个操作数实施运算的运算符,其中乘法(＊)、除法(/)和求余(％)的优先级相同,加法(＋)和减法(－)的优先级相同,但都比乘法,除法和求余运算的级别低。

中缀表达式很适合人们的计算习惯,所以在编程时只要按照数学意义编写表达式即可,例如:

(13 + 17) * 6

2. 后缀表达式

在某些时候,使用中缀表达式就会遇到困难,例如在命令行输入一个表达式,计算表达式的值就遇到了困难,原因是表达式是动态输入的文本字符序列,无法直接计算它的值。可以用后缀表达式来解决刚刚提到的问题(后面马上介绍怎样把中缀表达式转化为后缀表达式)。后缀表达式(也称为逆波兰表达式)是由波兰数学家 Jan Lukasiewicz 在 1920 年发明的(那个时候还没有计算机)。后缀表达式是一种数学表达式的表示方式,其中运算符写在操作数的后面。例如,前面的中缀表达式(13+17) * 6 的后缀表达式是:13 17 + 6 *。

后缀表达式里没有括号,也没有的优先级别的概念。计算机内部的许多计算会使用后缀表达式进行数学运算。后缀表达式不使用括号(后缀表达式中不允许使用括号,运算符也没有优先级)。后缀表达式比常规的中缀表达式更容易处理和计算,在计算器或编译器中,后缀表达式可以通过栈这种数据结构来计算和处理数据。但是,后缀表达式几乎没有可读性,在实际生活中没人会用后缀表达式来表达自己的计算意图。

使用栈计算后缀表达式的步骤如下。

(1) 创建一个空栈。
(2) 从左到右遍历后缀表达式中的每个元素。
(3) 如果当前元素是一个操作数,则将其压入栈中。
(4) 如果当前元素是一个运算符,则从栈中弹出两个操作数,通过执行该运算符得出结果,计算时注意顺序,先弹出的是参与计算的第 2 个操作数,后弹出的是第 1 个操作数,并将计算结果压入栈中。
(5) 重复步骤(3)和步骤(4),直到遍历完后缀表达式。
(6) 如果后缀表达式是有效的,最终栈中只剩下一个元素,即为后缀表达式的值。

例如,计算后缀表达式(中缀表达式是(13+17) * 6):

13 17 + 6 *

按照上述步骤形成的入栈(压栈)、弹栈示意图如图 6.6 所示。

图 6.6 入栈、弹栈示意图

例 6-5 使用栈计算后缀表达式。

本例 ALG_suffix.py 中的 string_to_array(expression)函数把后缀表达式 expression 中的运算数和运算符号存储到列表中(后缀表达式 expression 中的运算符和运算数之间、运算数之间要用空格分隔);suffix(a)函数使用栈计算后缀表达式(a 是 string_to_array (expression)函数返回的列表),运行效果如图 6.7 所示。

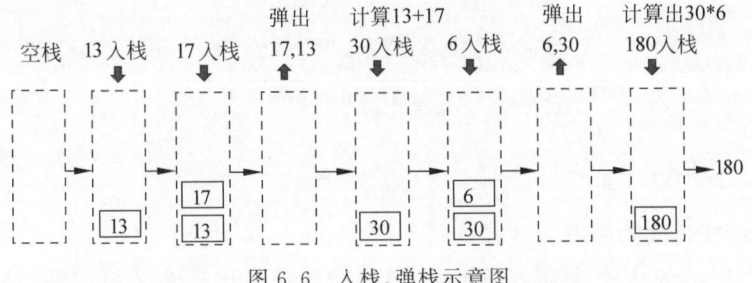

图 6.7 使用栈计算后缀表达式

ALG_suffix.py

```python
def string_to_array(expression):
    arr = expression.split()
    return arr
def suffix(a):
    stack = []
    for item in a:
        if item.isdigit():                    #如果是运算数(一定是数字开头)
            stack.append(item)
        else:
            m2 = float(stack.pop())           #弹出第2个操作数
            m1 = float(stack.pop())           #弹出第1个操作数
            if item == "+":
                r = m1 + m2
            elif item == "-":
                r = m1 - m2
            elif item == "*":
                r = m1 * m2
            elif item == "/":
                r = m1 / m2
            elif item == "%":
                r = int(m1) % int(m2)
            stack.append(str(r))
    result = float(stack.pop())
    return result
```

ch6_5.py

```python
from ALG_suffix import suffix,string_to_array
exp = "13 17 + 6 *"   #中缀是(13+17)*6
a = string_to_array(exp)
result = suffix(a)
print(exp, "后缀表达式值:", result)
exp = "13 17 6 * +"   #中缀是13+17*6
a = string_to_array(exp)
result = suffix(a)
print(exp, "后缀表达式值:", result)
exp = "8 3 % 50 + 5 6 + 2 * -"   #中缀是8%3+50-(5+6)*2
a = string_to_array(exp)
result = suffix(a)
print(exp, "后缀表达式值:", result)
exp = "6 7 + 2 * 11 -"   #中缀是(6+7)*2-11
a = string_to_array(exp)
result = suffix(a)
print(exp, "后缀表达式值:", result)
```

3. 中缀表达式转换为后缀表达式

中缀表达式中的圆括号、运算符和操作数(中缀表达式中的运算符和圆括号之间、运算数和运算符之间要用空格分隔)存在一个 std::string 型的顺序表(动态数组) a 中。

例如,对于 (3 + 7) * 10 - 6,顺序表 a 的节点中的数据依次为：

"(","3","+","7",")","*","10","-","6"

初始化 int i=0,一个栈 stack,用于求后缀表达式。一个顺序表 list,用于存放后缀表达式的操作数和运算符。算法步骤如下。

(1) 如果 i 等于 a.size(),进行(5),否则进行(2)。

(2) 进行以下操作之一：

① 如果 a[i] 是数字型字符串，将其添加到 list，即 list.push_back(a[i])，进行(3)。
② 如果 a[i] 是左圆括号，将其压栈到 stack：stack.push(a[i])，进行③。
③ 如果 a[i] 是运算符，并且 stack 的栈顶是左圆括号，将 a[i] 压栈到 stack，即 stack.push(a[i])，进行(3)。
④ 如果 a[i] 是运算符，并且优先级大于 stack 的栈顶的运算符的优先级，将 a[i] 压栈到 stack，即 stack.push(a[i])，进行(3)。
⑤ 如果 a[i] 是运算符，并且优先级小于或等于 stack 的栈顶的运算符的优先级，stack 开始弹栈，并将弹出的运算符添加到 list，直到 stack 的栈顶的运算符的优先级小于 a[i] 的优先级或栈为空栈，停止弹栈，进行(3)。
⑥ 如果 a[i] 是右圆括号，stack 开始弹栈，并将弹出的运算符添加到 list，直到弹出的是左圆括号或栈为空栈，停止弹栈，进行(3)。
(3) i++后进行(1)。
(4) stack 弹栈，将弹出的运算符依次添加到 list，进行(5)。
(5) 结束。

例 6-6 把中缀表达式转换为后缀表达式。

将例 6-5 中的 ALG_suffix.py 文件和本例 ch6_6.py 保存在同一目录中。本例中的 infix_to_suffix(infix) 函数把中缀表达式 infix 转换为后缀表达式，本例首先把一个中缀表达式转换为后缀表达式、计算后缀表达式的值（并显示后缀表达式），然后让用户从键盘输出一个中缀表达式转换为后缀表达式、计算后缀表达式的值（不再显示后缀表达式）。运行效果如图 6.8 所示。

```
['3', '4', '2', '*', '1', '5', '-', '/', '+']
值：1.0
请输入中缀表达式，各元素之间用空格分隔：12 + ( 80 - 9 ) / 10
值：19.1
```

图 6.8 输入中缀表达式，程序输出表达式值

ch6_6.py

```python
from ALG_suffix import suffix
def grade(oper):
    if oper in ["+", "-"]:
        return 90
    else:
        return 100
def infix_to_suffix(infix):
    stack = []
    suffix = []
    for item in infix:
        if item.isdigit():                          # 如果是运算数
            suffix.append(item)                     # 加入后缀表达式中
        elif item == "(":                           # 如果是左括号"("
            stack.append(item)  # 压栈
        elif item in ["+", "-", "*", "/", "%"]:     # 如果是运算符
            if not stack or stack[-1] == "(":       # 如果栈为空或栈顶是左括号"("
                stack.append(item)
            elif grade(item) > grade(stack[-1]):    # 如果 item 级别高
                stack.append(item)                  # 压栈
            else:
                while stack and grade(stack[-1]) >= grade(item):
                    oper = stack.pop()              # 弹栈，直到栈顶运算符低于 item 的级别
```

```python
                    if oper != "(":
                        suffix.append(oper)            # 加入后缀表达式中
                    if not stack:
                        break
                    stack.append(item)
        elif item == ")":              # 如果是右括号")",弹栈,直到遇到左括号,废弃左括号
            while stack:
                oper = stack.pop()
                if oper != "(":
                    suffix.append(oper)
                else:
                    break
    while stack:
        suffix.append(stack.pop())                     # 把栈中其余运算符加入后缀表达式中
    return suffix
infix_expression = ["3", "+", "4", "*", "2", "/", "(", "1", "-", "5", ")"]
suffix_expression = infix_to_suffix(infix_expression)
print(suffix_expression)
result = suffix(suffix_expression)
print("值:", result)
#从键盘输入中缀表达式并转换计算
infix_expression = input("请输入中缀表达式,各元素之间用空格分隔:")
infix_arr = infix_expression.split()
suffix_expression = infix_to_suffix(infix_arr)
result = suffix(suffix_expression)
print("值:", result)
```

6.7　栈与 undo 操作

栈的"后进先出"的特点使得它适合用于设计 undo 操作,即撤销操作。撤销操作就是取消当前操作结果、恢复到上一次操作的结果。大家经常进行撤销操作,对此并不陌生,比如在编辑文本时,经常单击编辑器提供的"撤销"快捷按钮撤销刚刚键入的文字,让文档恢复到上一次编辑文档的样子。

可以用栈实现 undo 操作,即把一系列操作结果压入栈中,当想回到上一步骤时进行弹栈,那么弹出的栈顶节点刚好是上一次的操作结果,程序恢复这个结果就完成了撤销操作。可以不断地进行弹栈操作直到栈为空,即恢复到最初的操作结果。

例 6-7　撤销显示的汉字。

图 6.9　使用栈实现撤销操作

本例 ch6_7.py 中的窗体有一个标签组件,用户单击"显示一个汉字"按钮可以在标签上显示一个汉字。但标签上只保留最近一次显示的汉字。当用户单击"撤销"按钮时,将取消用户最近一次单击"显示一个汉字"按钮产生的操作效果,即将标签上的汉字恢复为上一次单击"显示一个汉字"按钮所得到的汉字。用户可以多次单击"撤销"按钮来依次取消单击"显示一个汉字"按钮所产生的操作效果,程序运行效果如图 6.9 所示。

ch6_7.py

```
import tkinter as tk
class ChineseWin(tk.Tk):
```

```
        def __init__(self):
            super().__init__()
            self.stack = []
            self.m = 20320                      #起始汉字的Unicode码
            self.labelShow = tk.Label(self, font = ("宋体", 36))
            self.button = tk.Button(self, text = "显示一个汉字",
                                    command = self.display_chinese)
            self.cancel = tk.Button(self, text = "撤销", command = self.undo)
            self.button.pack()
            self.labelShow.pack()
            self.cancel.pack()
        def display_chinese(self):
            save_str = chr(self.m)              #将Unicode码转换为汉字
            self.labelShow.config(text = save_str)
            self.stack.append(save_str)         #压栈
            self.m += 1
        def undo(self):
            if self.stack:
                save_str = self.stack.pop()     #弹栈
                print(save_str)                 #命令行输出被撤销的汉字
                self.labelShow.config(text = save_str)
    if __name__ == "__main__":
        win = ChineseWin()
        win.geometry("300x300")
        win.mainloop();
```

习题6

扫一扫   扫一扫

习题   自测题

第 7 章 队列

本章主要内容
- 队列的特点；
- 队列的创建与独特方法；
- 队列与回文串；
- 队列与加密解密；
- 队列与约瑟夫问题；
- 队列与广度优先搜索；
- 优先队列；
- 队列与排队；
- 队列与筛选法。

第 6 章学习了栈，其操作的特点是"后进先出"，在程序设计中经常会使用栈来解决某些问题。这章学习队列，其操作的特点是"先进先出"。队列也是线性表的一种具体体现，可以是顺序存储或链式存储，即节点的物理地址是依次相邻的或不相邻的。

7.1 队列的特点

队列(deque)的节点的逻辑结构是线性结构，即是一个线性表。队列的特点是擅长在线性表的两端，即头部和尾部，实施有关的操作，例如删除头节点、添加尾节点、查看头节点和尾节点。向队列尾部(线性表的尾端)添加新尾节点被称作入列，删除头节点被称作出列。此外，还可以查看队列的头节点，但不删除头节点，或者查看尾节点，但不删除尾节点。

队列擅长在线性表的头、尾两端实施删除和添加操作，甚至可以把线性表实现成只在头、尾两端操作，所以也称队列是受限的线性表。在入列时，最先进入的节点在队头，最后进入的节点在队尾。出列时，从队列的头开始删除节点，最后一个删除的节点是队尾的节点。

队列是一种先进先出的数据结构，简称 FIFO(First In First Out)，如图 7.1 所示。为了形象，图 7.1 把线性结构从左向右绘制，头节点(队头)在左边、尾节点(队尾)在右边。

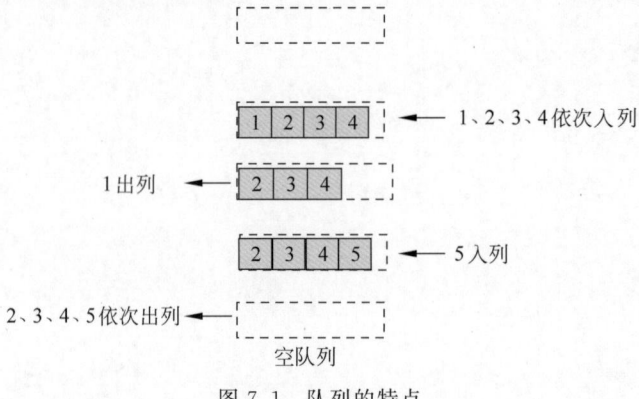

图 7.1 队列的特点

7.2 队列的创建与独特方法

collections.deque 是 Python 的 collections 模块提供的一种双向队列数据结构，collections.deque 支持在队列的两端进行入列和出列操作。以下称 collections.deque 类的实例（对象）为双端队列，简称队列，其中的节点的逻辑结构是线性结构，存储结构使用了双向链表，这意味双端队列插入和删除元素的时间复杂度都是 $O(1)$，使得它非常适合于需要高效地在队列两端进行操作的场景。

注意：Python 的 collections.deque 类相当于 Java 集合框架中的 Deque 类、C++标准模板库中的 std::deque 类。

1. 创建队列

创建一个空队列：使用 deque()构造方法即可创建一个空的队列，例如：

```
from collections import deque
d = deque()          # 创建一个空的双向队列
print(d)             # 输出:deque([])
```

使用 deque(iterable)构造方法创建一个有初始元素的队列，其中 iterable 是一个可迭代对象，可以是列表、元组、字符串等，用于初始化双向队列的节点，例如：

```
from collections import deque
d = deque([1, 2, 3])      # 使用列表初始化队列
print(d)                  # 输出:deque([1, 2, 3])
d = deque("ABCDE")        # 使用字符串初始化双向队列
print(d)                  # 输出:deque(['A', 'B', 'C', 'D', 'E'])
```

2. 独特的方法

（1）append(value)：在队列的右侧添加值是 value 的节点，即入列操作（时间复杂度为 $O(1)$）。

（2）popleft()：移除并返回队列左侧的第一个节点，即出列操作（时间复杂度为 $O(1)$）。

（3）appendleft(value)：在队列的左侧添加值是 value 的节点，即左侧入列操作（时间复杂度为 $O(1)$）。

（4）pop()：移除并返回双向队列右侧的最后一个节点，即右侧出列操作（时间复杂度为 $O(1)$）。

（5）rotate(n)：如果 n 是正整数，将队列向右转动 n 次；如果 n 是负整数，将队列向左转动 n 次。

（6）clear()：清队，即将队列变成空队列。

3. 单端队列 queue

Python 标准库中的 queue 模块提供的 Queue 类（注意 Queue 的首字母是大写字母）是 collections.deque 队列的适配器，相对于双端队列 deque，称 Queue 的实例是单端队列，单端队列只提供了队列的基本操作（只适配了双端队列的部分方法）：入列 put()、出列 get()，但不提供从队尾出列、从队头入列的操作。需要注意的是单端队列 queue 使用自己的 qsize()方法判断其长度，不可以使用 Python 的内置函数 len()判断单端队列的长度，即不可以 len(queue)。如果需要在队列的两端进行快速插入和删除操作，包括从队尾出列、队头入列，可以使用双端队列 deque；如果只需要队列的基本操作，则可以使用单端队列 Queue。

例 7-1 使用队列的独特方法。

本例 ch7_1.py 使用了队列的独特方法,运行效果如图 7.2 所示。

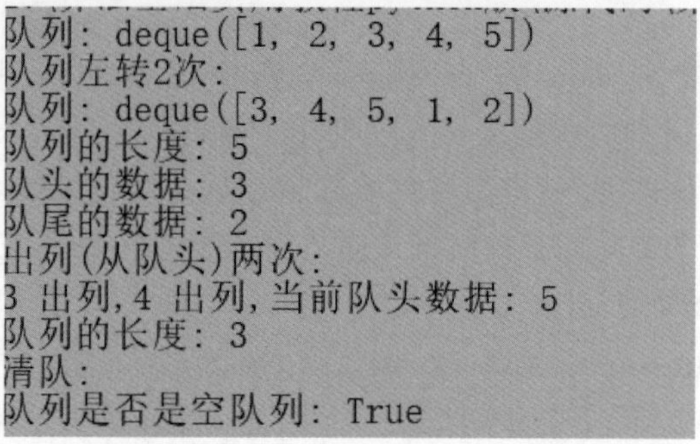

```
队列: deque([1, 2, 3, 4, 5])
队列左转2次:
队列: deque([3, 4, 5, 1, 2])
队列的长度: 5
队头的数据: 3
队尾的数据: 2
出列(从队头)两次:
3 出列, 4 出列, 当前队头数据: 5
队列的长度: 3
清队:
队列是否是空队列: True
```

图 7.2 使用队列的独特方法

ch7_1.py

```python
from collections import deque
d = deque()                              #创建双向队列
d.append(1)
d.append(2)
d.append(3)
d.append(4)
d.append(5)
print("队列:",d)
d.rotate(-2)
print("队列左转2次:")                    #队列左转2次
print("队列:",d)
print("队列的长度:", len(d))             #输出队列的长度
print("队头的数据:", d[0])               #输出首节点的数据
print("队尾的数据:", d[-1])              #输出队尾的数据
print("出列(从队头)两次:")               #出列(从队头)两次
print(d.popleft(), "出列,", end='')
print(d.popleft(), "出列,", end='')
print("当前队头数据:", d[0])
print("队列的长度:", len(d))             #输出队列的长度
empty_deque = deque()                    #清队
d.clear()
print("清队:")
print("队列是否是空队列:", not bool(d))
```

7.3 队列与回文串

回文串是指和其反转(倒置)相同的字符串,例如

"racecar", "123321", "level", "toot", "civic", "pop", "eye", "rotator", "pip"

都是回文串。在第 6 章中的例 6-1 曾使用栈判断一个字符串是否是回文串。使用队列也可以判断一个字符串是否是回文串。将字符串中的全部字符按顺序依次入列,然后开始分别从头、尾出列,如果字符串是回文串,那么从队头出列的节点一定和从队尾出列的节点相同,当队列中剩余的节点数目不足 2 个时,停止出列。

例 7-2 利用队列判断字符串是否是回文串。

本例 ch7_2.py 中利用队列判断几个字符串是否是回文串,读者可以和第 6 章中的例 6-1

进行比较,分别体会栈和队列的特点。本例运行效果如图 7.3 所示。

```
racecar 是回文串
123321 是回文串
level 是回文串
civic 是回文串
rotator 是回文串
java 不是回文串
A 是回文串
```

图 7.3 利用队列判断回文串

ch7_2. py

```
from collections import deque
def is_palindrome(s):
    queue = deque(s)
    is_pal = True
    while len(queue) > 1:
        head = queue.popleft()          #从队头出列
        tail = queue.pop()              #从队尾出列
        if head != tail:
            is_pal = False
            break
    return is_pal
strings = ["racecar", "123321", "level", "civic", "rotator", "java", "A"]
for s in strings:
    if is_palindrome(s):
        print(s, "是回文串")
    else:
        print(s, "不是回文串")
```

7.4 队列与加密解密

用队列可以方便地对字符串实施加密(解密)操作。出列字符参与加密字符串中一个字符(出列的字符参与解密字符串中一个字符),然后再重新入列,一直到字符串中的字符全部被加密完毕(字符串中的全部字符被解密完毕)。

例 7-3 使用队列加密、解密字符串。

本例 ch7_3. py 中的 do_encryption(source,password)函数使用队列加密字符串、do_decryption(secret,password) 使用队列解密字符串。运行效果如图 7.4 所示。

```
加密后的密文:
彊佖料門晊亞哹XJ}Q]_y|
解密后的明文:
开会时间是今晚19:00:00
```

图 7.4 使用队列加密、解密字符串

ch7_3. py

```
from queue import Queue
def do_encryption(source, password):
    queue = Queue()
    for char in password:
        queue.put(char)                              #密码加入队列
    result = []
    for char in source:
        c = queue.get()                              #出列操作
        result.append(chr(ord(char) ^ ord(c)))       #参与加密
        queue.put(c)                                 #c 重新入列
    return ''.join(result)
def do_decryption(secret, password):
    queue = Queue()
    for char in password:
        queue.put(char)                              #密码加入队列
```

```
        result = []
        for char in secret:
            c = queue.get()                          #出列操作
            result.append(chr(ord(char) ^ ord(c)))   #参与解密
            queue.put(c)                             #c重新入列
        return ''.join(result)
str_ = "开会时间是今晚 19:00:00"
password = "ILoveThisGame"
secret_str = do_encryption(str_, password)
print("加密后的密文:")
print(secret_str)
print("解密后的明文:")
source_str = do_decryption(secret_str, password)
print(source_str)
```

7.5 队列与约瑟夫问题

第 4 章 4.3 节的例 4-1 使用数组解决了约瑟夫问题（围圈留一问题）。数组删除尾元素的时间复杂度为 $O(1)$、添加尾元素的时间复杂度通常为 $O(1)$、数组删除首元素或添加首元素的时间复杂度都是 $O(n)$。队列的入列和出列的时间复杂度都是 $O(1)$，所以用队列模拟约瑟夫问题的效率高、可读性好。

再简单重复一下约瑟夫问题：若干人围成一圈，从某个人开始顺时针（或逆时针）数到 3 的人从圈中退出，然后继续顺时针（或逆时针）数到 3 的人从圈中退出，以此类推，程序输出圈中最后剩下的那个人。

由约瑟夫问题就可看出，使用队列来解决该问题更方便，理由是队列这种数据结构在头、尾两端处理数据。将 n 个人入列，然后进行出列操作，如果报数不是 3，再进行入列操作（即重新归队），否则出列后不再重新入列，直到队列中剩下一个节点为止。

例 7-4 使用队列解决约瑟夫问题。

本例 ch7_4.py 中的 solve_joseph(person) 函数使用队列解决约瑟夫问题，并演示了 11 个人的约瑟夫问题，运行效果如图 7.5 所示。

```
号码 3 退出圈 号码 6 退出圈 号码 9 退出圈 号码 1 退出圈 号码 5 退出圈 号码 10 退出圈 号码 4 退出圈
号码 11 退出圈 号码 8 退出圈 号码 2 退出圈 最后剩下的号码是: 7
```

图 7.5 使用队列解决约瑟夫问题

ch7_4.py

```
from queue import Queue
def solve_joseph(person):
    queue = Queue()
    for p in person:
        queue.put(p)                    #全体入列
    while queue.qsize() > 1:
        number1 = queue.get()           #出列
        queue.put(number1)              #重新入列
        number2 = queue.get()           #出列
        queue.put(number2)              #重新入列
        number3 = queue.get()           #出列,不再入列
        print("号码", number3, "退出圈", end = " ")
    print("最后剩下的号码是:", queue.get())
person = [1, 2, 3, 4, 5, 6, 7, 8, 9, 10, 11]
solve_joseph(person)
```

7.6 队列与广度优先搜索

在第 6 章的 6.5 节讲解了深度优先搜索。深度优先搜索算法,在进行遍历或者搜索的时候,选择一个没有被搜过的节点,按照深度优先:一直往该节点的后续路径节点进行访问,直到该路径的最后一个节点,然后再从未被访问的邻节点进行深度优先搜索,重复以上过程,直到所有节点都被访问或搜索到指定的某些特殊节点,算法结束。

广度优先搜索是图的另一种遍历方式,与深度优先搜索相对,是以广度优先进行搜索。其特点是先访问图的顶点,然后广度优先,依次进行被访问点的邻接点,一层一层访问,直到访问完所有节点或搜索到指定的节点,算法结束。栈的特点是后进先出,恰好能体现深度优先。队列的特点是先进先出,恰好体现广度优先。

能体现广度优先搜索的一个例子就是排雷。假设有一块 m 行,n 列被分成 $m \times n$ 个小矩形的雷区,有些矩形里有雷,有些没有雷。工兵从某个矩形开始排雷,在排雷的过程中有东、西、南、北四个方向。工兵不能斜着走,他的目的是把全部雷排除。

排雷算法描述如下。

(1) 将开始的排雷点入列,进行(2)。

(2) 检查队列是否是空列,如果为空列(雷就都被排除了)进行(4),否则进行(3)。

(3) 队列进行出列操作,将出列点的东、西、南、北方向上没有被排雷的点入列,然后检查出列点是否是雷,并标记此点已排雷。如果是雷给出一个排雷的标记,如果是路给出一个路的标记,进行(2)。

(4) 结束。

例 7-5 使用广度优先搜索算法进行排雷。

本例 ch7_5. py 中的 Point 类用于刻画雷区中的点,ch7_5. py 中用列表 land 模拟有地雷的雷区,元素值是 0 表示路,1 表示雷。ch7_5. py 中的 demining(land,rows,columns)函数使用广度优先算法进行排雷,排雷后,用☆标识排雷点,用○标识路点(未埋设地雷),运行效果如图 7.6 所示。

```
1 1 0 0 0 0 1 0 0 1
0 0 1 1 0 1 0 0 0 1
0 0 1 1 0 0 0 1 1 1
0 1 0 1 0 1 0 0 0 0
0 1 1 1 1 1 1 0 0 1
0 1 1 1 1 0 1 1 1 0
0 1 0 0 1 0 1 0 1 1
0 1 1 0 0 0 1 0 0 1
开始排雷:
☆是雷的位置, ○是未曾布雷的路:
排雷后:
☆ ☆ ○ ○ ○ ○ ☆ ○ ○ ☆
○ ○ ☆ ☆ ○ ☆ ○ ○ ○ ☆
○ ○ ☆ ☆ ○ ○ ○ ☆ ☆ ☆
○ ☆ ○ ☆ ○ ☆ ○ ○ ○ ○
○ ☆ ☆ ☆ ☆ ☆ ☆ ○ ○ ☆
○ ☆ ☆ ☆ ☆ ○ ☆ ☆ ☆ ○
○ ☆ ○ ○ ☆ ○ ☆ ○ ☆ ☆
○ ☆ ☆ ○ ○ ○ ☆ ○ ○ ☆
```

图 7.6 使用广度优先搜索算法进行排雷

注意: 不可以逐行地排雷,如果这样将不能体现广度优先。

ch7_5. py

```
from queue import Queue
import random
class Point:
    def __init__(self, initialX, initialY):
        self.x = initialX
        self.y = initialY
    def __eq__(self, other):
        return self.x == other.x and self.y == other.y
def demining(land, rows, columns):
    x = 0                                    #初始位置
    y = 0                                    #初始位置
    queue = Queue()                          #队列 queue
    point = Point(x, y)
    queue.put(point)                         #queue 进行入列操作
```

```
            print("☆是雷的位置,○是未曾布雷的路:")
        while not queue.empty():                    #未排除出全部的雷
            point = queue.get()
            x = point.x
            y = point.y
            #广度优先(用☆标识排雷点,用○标识未埋设地雷的路点)
            if y - 1 >= 0 and land[x][y - 1] != '☆' and land[x][y - 1] != '○':  #西
                queue.put(Point(x, y - 1))          #入列
            if x - 1 >= 0 and land[x - 1][y] != '☆' and land[x - 1][y] != '○':  #北
                queue.put(Point(x - 1, y))          #入列
            if y + 1 < columns and land[x][y + 1] != '☆' and land[x][y + 1] != '○':  #东
                queue.put(Point(x, y + 1))          #入列
            if x + 1 < rows and land[x + 1][y] != '☆' and land[x + 1][y] != '○':  #南
                queue.put(Point(x + 1, y))          #入列
            if land[x][y] == '1':                   #1 表示雷
                land[x][y] = '☆'                    #"☆"表示排雷一颗
            elif land[x][y] == '0':                 #0 表示未埋雷的路点
                land[x][y] = '○'                    #○表示此路点未埋设地雷
def layMines(area, amount, rows, columns):          #随机布雷
    point_list = []
    while amount > 0:
        x = random.randint(0, rows - 1)
        y = random.randint(0, columns - 1)
        p = Point(x, y)
        if p not in point_list:
            area[x][y] = '1'                        #1 表示雷
            amount -= 1
            point_list.append(p)
rows = 8
columns = 10
land = [['0' for _ in range(columns)] for _ in range(rows)]    #0 表示路
layMines(land, 39, rows, columns)                   #布雷 39 颗
for i in range(rows):
    for j in range(columns):
        print(land[i][j], end = " ")
    print()
print("开始排雷:")
demining(land, rows, columns)
print("排雷后:")
for i in range(rows):
    for j in range(columns):
        print(land[i][j], end = " ")
    print()
```

7.7 优先队列

单端队列调用 PriorityQueue() 方法可以返回一个单端优先队列(没有双端优先队列),优先队列中的数据不是按入列顺序出列而是按优先级别出列,级别高的先于级别低的出列。例如,对于 int 型优先队列,最小的整数最先出列(Python 的优先队列是基于最小堆,整数越小、优先级别越高),如果队列中的数据是对象,创建对象的类重载小于关系运算,以便确定类的对象的优先级。

例 7-6 使用优先队列。

本例 ch7_6.py 的 Student 对象按数学成绩比较优先级别,优先队列让 Student 对象按照数学成绩的优先级别依次出列(数学成绩越高、优先级越高),运行效果如图 7.7 所示。

```
优先队列出列顺序:
3 5 7
按数学成绩从高到低出列:
数学 100 ,英语 80 | 数学 100 ,英语 86 | 数学 77 ,英语 95 | 数学 67 ,英语 90 | 数学 60 ,英语 69 |
```

图 7.7　使用优先队列

ch7_6.py

```python
import queue
class Student:
    def __init__(self, m, n):
        self.math = m
        self.english = n
    def __lt__(self, other):          #重载小于运算方法,也称小于运算符
        return other.math < self.math #数学成绩越高、优先级越高
int_priority_queue = queue.PriorityQueue()
int_priority_queue.put(5)
int_priority_queue.put(3)
int_priority_queue.put(7)
print("优先队列出列顺序:")
while not int_priority_queue.empty():
    print(int_priority_queue.get(),end = " ")
print()
student = queue.PriorityQueue()
student.put(Student(67, 90))
student.put(Student(100, 80))
student.put(Student(77, 95))
student.put(Student(100, 86))
student.put(Student(60, 69))
print("按数学成绩从高到低出列:")
while not student.empty():
    s = student.get()
    print("数学", s.math, ",英语", s.english, "|",end = " ")
```

7.8　队列与排队

Python 通过 threading 模块来创建和管理线程。使用 threading.Thread(target)类创建一个线程对象,其中 target 参数指定线程的执行体。最后,通过调用线程对象的 start()方法启动线程,例如:

```python
def print_numbers():                       #定义一个函数作为线程的执行体
    for i in range(1, 6):
        print(i)
t = threading.Thread(target = print_numbers)   #创建线程
t.start()
```

例 7-7　用队列模拟排队。

假设一个营业厅有 2 个服务窗口,低峰期间有一个窗口营业,高峰期间有 2 个窗口营业,每个窗口为一位顾客办理业务的耗时不尽相同。本例的 ch7_7.py 中创建了两个线程模拟两个服务窗口,低峰期间有一个窗口营业,高峰期间有两个窗口营业,每天到达最多接待的服务人数就停止营业,运行效果如图 7.8 所示。

ch7_7.py

```python
import threading
import queue
```

```
窗口1接待了顾客1
窗口1接待了顾客2
窗口1接待了顾客3
窗口1接待了顾客4
窗口2接待了顾客5
窗口2接待了顾客6
窗口1接待了顾客7
窗口2接待了顾客8
窗口2接待了顾客9
窗口2接待了顾客10
窗口2接待了顾客11
窗口2接待了顾客12
窗口1接待了顾客13
窗口2接待了顾客14
窗口1接待了顾客15
今天营业结束
```

图 7.8　用队列模拟排队

```python
import time
max_people = 15                              #服务的客户数
count = 0                                    #计数
queue = queue.Queue()                        #创建一个队列来模拟排队
def window1():                               #定义服务窗口函数.线程的目标函数
    global count                             #使用全局变量count
    while True:
        if not queue.empty():
            person = queue.get()
            count += 1
            print(f"窗口1接待了顾客{person}")
            time.sleep(0.2)                  #200毫秒服务一个客户
        else:
            break
def window2():
    global count
    while True:
        if not queue.empty():
            person = queue.get()
            count += 1
            print(f"窗口2接待了顾客{person}")
            time.sleep(0.1)                  #100毫秒服务一个客户
        else:
            break
t1 = threading.Thread(target = window1)      #创建线程1,目标函数是window1()
t2 = threading.Thread(target = window2)
for i in range(max_people):                  #模拟max_people位顾客排队
    queue.put(i + 1)
t1.start()                                   #启动线程t1
while True:
    if count >= queue.qsize()//3:
        t2.start()      #模拟高峰期启动线程t2,t2排队等待执行目标函数,但不一定立刻执行
        break;
t1.join()                                    #等待线程1结束
t2.join()
print("今天营业结束")
```

7.9 队列与筛选法

有关筛选法可见第5章的5.5节。用队列来描述筛选法更加直观,不必在意数字之间的规律。

例7-8 队列与筛选法。

本例ch7_8.py中的prime_filter_queue(n)函数将2~n整数放入队列,然后不断地进行出列、入列操作,队头是素数、满足条件的数字出列不再入列(相当于被筛掉),直到队列为空就得到了2~n范围的全部素数,运行效果如图7.9所示。

```
不超过100的全部素数:
[2, 3, 5, 7, 11, 13, 17, 19, 23, 29, 31, 37, 41, 43, 47, 53, 59, 61, 67, 71, 73, 79, 83, 89, 97]
其中的全部孪生素数:
(3,5) (5,7) (11,13) (17,19) (29,31) (41,43) (59,61) (71,73)
```

图7.9 队列与筛选法

ch7_8.py

```python
from queue import Queue
def prime_filter_queue(n):
```

```
        prime_queue = Queue()
        for i in range(2, n + 1):
            prime_queue.put(i)              #将数字放入队列
        prime_list = []                     #使用列表存放素数
        while not prime_queue.empty():
            prime_number = prime_queue.get()  #获取队列的首元素,是素数
            prime_list.append(prime_number)
            size = prime_queue.qsize()
            for _ in range(size):
                num = prime_queue.get()
                if num % prime_number != 0:
                    prime_queue.put(num)    #将不被当前素数整除的数字放回队列
        return prime_list
N = 100
prime_list = prime_filter_queue(N)
print(f"不超过{N}的全部素数:")
print(prime_list)
print("其中的全部孪生素数:")
for i in range(len(prime_list) - 1):
    twin1 = prime_list[i]
    twin2 = prime_list[i + 1]
    if twin2 - twin1 == 2:
        print(f"({twin1},{twin2})", end = " ")
```

习题 7

扫一扫

习题

扫一扫

自测题

第 8 章　二叉树

本章主要内容
- 二叉树的基本概念；
- 遍历二叉树；
- 二叉树的存储；
- 平衡二叉树；
- 二叉查询树和平衡二叉查询树；
- SortedSet 有序集；
- 有序集的基本操作；
- 有序集与数据统计。

第 1 章曾简单介绍了树，对于一般的树结构，很难给出有效的算法，所以本章只介绍可以在其上形成有效算法的二叉树。与前面的链表、栈、队列等不同，二叉树中的结点不必是线性关系，通常是非线性关系。

8.1　二叉树的基本概念

一棵树上的每个结点至多有两个子结点，称这样的树是二叉树。没有任何结点的二叉树被称为空二叉树。这里说的二叉树是严格区分左和右的，一个结点如果有两个子结点，那么把一个称为左子结点，把另一个称为右子结点，如果只有一个子结点，那么这个子结点也要分为是左子结点还是右子结点。就像生活中的岔路口，如果岔路口有两个岔路，那么一个是左岔路，另一个右岔路，如果岔路口只有一个岔路，也要注明是左岔路还是右岔路。再如，像生活中的举手，如果举起两只手，那么一只手是左手，另一只手是右手，如果只举起一只手，也要区分是左手还是右手。

1. 父子关系与兄弟关系

一个结点和它的左、右子结点是父子关系。一个结点的左、右子结点是兄弟关系，二者互称为兄弟结点，即有相同父结点的结点是兄弟结点。

2. 左子树与右子树

如果把二叉树的一个结点的左子结点看作一棵树的根结点，那么以左子结点为根的树也是一棵二叉树，称作该结点的左子树（如果没有左子结点，左子树是空树），同样把此结点的右子结点看作一棵树的根结点的话，以右子结点为根的树也是一棵二叉树，称作该结点的右子树（如果没有右子结点，右子树是空树）。一棵树由根结点和它的左子树、右子树所构成。

3. 树的层

在第 1 章说过，树用倒置的树形来表示，结点按层从上向下排列，根结点是第 0 层。二叉树从根开始定义，根为第 0 层，根的子结点为第 1 层，以此类推。除了第 0 层，每一层上的结点和上一层中的一个结点有关系，但可能和下一层的至多两个结点有关系。即根结点没有父结点,其他结点有且只有一个父结点,但最多有两个子结点,叶结点没有子结点。

4. 满二叉树(Full Binary Tree)

每个非叶结点都有两个子结点的二叉树是满二叉树。

5. 完美二叉树(Perfect Binary Tree)

各层的结点数目都是满的,即第 m 层有 2^m 个结点,如果二叉树一共有 k 层(最下层的编号是 $k-1$),那么完美二叉树一共有 2^k-1 个结点。

6. 完全二叉树(Complete Binary Tree)

完全二叉树从根结点到倒数第 2 层的结点数目都是满的,最下一层可以不满,但最下一层的叶结点都是靠左对齐(按最下一层从左向右的序号,一个挨着一个靠左对齐),并且从左向右数,只允许最后一个叶结点可以没有兄弟结点,而且如果最后一个叶子结点没有兄弟结点,它必须是左子结点。

完美二叉树一定是完全二叉树,也是满树。但完全二叉树不一定是满树,也不必是完美二叉树。

满二叉树、完美二叉树、完全二叉树如图 8.1 所示。

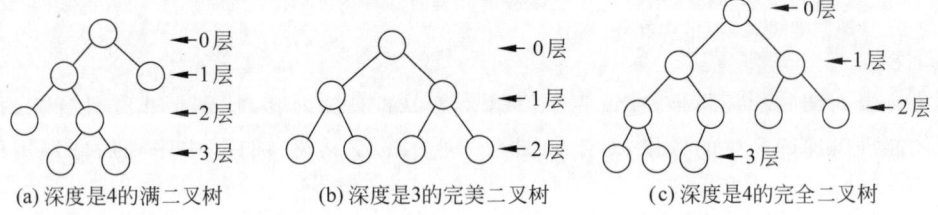

图 8.1 满二叉树、完美二叉树、完全二叉树

7. 树的高度与深度

对于二叉树还有两个常用的术语:树的高度、树的深度。

一个叶结点所在的层的层数加 1(层是从 0 开始的,只有一个根结点的二叉树高度为 1,规定空二叉树的高度是 0),称作这个叶结点的高度,在所有叶结点中,其高度最大者称为二叉树的高度,如图 8.1 所示。

从根结点(包括根结点)按照父子关系找到一个叶结点所经历过的结点(包括叶结点)数目,称作这个叶结点的深度。所有叶结点中,其深度最大者的深度称为树的深度。不难得知,树的深度和高度是相等的,只是叙述的方式不同而已。

完美二叉树有 n 个结点($n=2^k-1$,k 是树的深度),那么它的树深是 $\log_2(n+1)$。

8.2 遍历二叉树

遍历二叉树有三种常见的方式,分别是前序遍历、中序遍历和后序遍历。

1. 前序遍历

从树上某结点 p,前序遍历以 p 为根结点的树,其递归算法用语言描述就是:①输出 p;②递归遍历 p 的左子树;③递归遍历 p 的右子树。

递归的算法实现是:

```
def preOrder(self, p):        #前序遍历
    if p is not None:
        p.visited()
        self.preOrder(p.left)
        self.preOrder(p.right)
```

2. 中序遍历

从树上某结点 p，中序遍历以 p 为根结点的树，其递归算法用语言描述就是：①递归遍历 p 的左子树；②输出 p；③递归遍历 p 的右子树。

递归的算法实现是：

```
def inOrder(self, p):        #中序遍历
    if p is not None:
        self.inOrder(p.left)
        p.visited()
        self.inOrder(p.right)
```

3. 后序遍历

从树上某结点 p，后序遍历以 p 为根结点的树，其递归算法用语言描述就是：①递归遍历 p 的左子树；②递归遍历 p 的右子树；③输出 p。

递归的算法实现是：

```
def postOrder(self, p):      #后序遍历
    if p is not None:
        self.postOrder(p.left)
        self.postOrder(p.right)
        p.visited()
```

如果读者对递归比较陌生，建议先学习第 3 章中的有关内容，特别是非线性递归，需要慢慢画图才能理解递归产生的效果，对于如图 8.2 所示的二叉树，前序、中序和后序遍历的结果如下：

```
前序(如图 8.2(a)所示):A B D F E C G
中序(如图 8.2(b)所示):F D B E A C G
后序(如图 8.2(c)所示):F D E B G C A
```

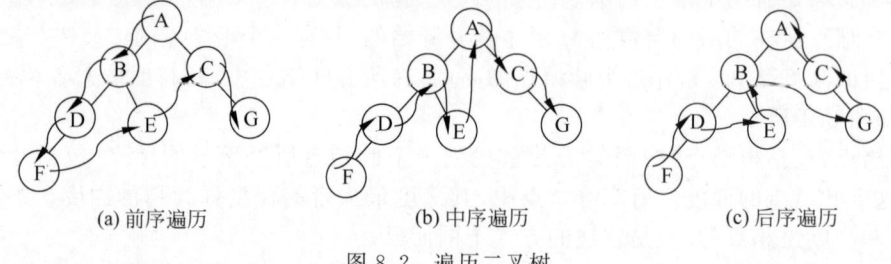

(a) 前序遍历　　　　　　(b) 中序遍历　　　　　　(c) 后序遍历

图 8.2　遍历二叉树

建议读者通过画图理解递归的输出结果。

8.3　二叉树的存储

二叉树的结点的存储方式通常为链式存储，即一个结点中含有一个数据，以及左子结点和右子结点的地址，以后提到结点的值或结点值，就是指结点中的数据。如果采用链式存储，对于一个没有增加限制的二叉树，给出通用的添加、删除结点的算法是不可能的，理由是在链式存储的二叉树中，要确定一个结点的位置，需要知道它的父结点和它在父结点下的位置（是左子结点还是右子结点）。因此，在进行添加或删除操作时，需要先找到要添加或删除的结点的位置，而这个过程会涉及一系列的判断和遍历操作，因而比较复杂。不同的二叉树可能有不同的限制条件，所以没有通用的算法适用于所有的情况。但是，对于二叉查询树可以给出有关的

第 8 章 二叉树

算法(见 8.5 节)。

理论上二叉树的存储也可以采用数组或列表来实现(实际应用中不多见,见 5.9 节的最小堆),例如用数组 a 来实现,存储结点的规律是:一个结点如果存储在 $a[i]$ 中,那么该结点的左子结点存储在 $a[2*i+1]$ 中,右子结点存储在 $a[2*i+2]$ 中,用数组存储结点的缺点是可能浪费大量的数组元素,即有很多数组的元素并未参与存储树上的结点(除非二叉树是完美二叉树)。

例 8-1 遍历查询二叉树。

本例 ch8_1.py 中的 BinaryBST 类负责创建二叉树,其结点 Node 是链式存储。

本例使用 BinaryTree 类创建了如图 8.2 所示的二叉树,并分别使用前序、中序和后序遍历了这棵二叉树,同时查询了某个数据是否和树上的某个结点中的数据相同,运行效果如图 8.3 所示。

```
前序遍历树结点:
A B D F E C G
中序遍历树结点:
F D B E A C G
后序遍历树结点:
F D E B G C A
G是树上的结点吗? True
W是树上的结点吗? False
```

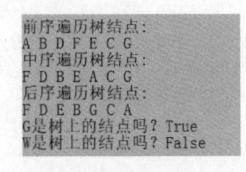

图 8.3 遍历查询二叉树

ch8_1.py

```python
class Node:
    def __init__(self, data):
        self.data = data
        self.left = None
        self.right = None
    def visited(self):
        print(self.data, end = " ")
class BinaryBST:
    def __init__(self, root = None):
        self.root = root
    def preOrder(self, p):              # 前序遍历
        if p is not None:
            p.visited()
            self.preOrder(p.left)
            self.preOrder(p.right)
    def inOrder(self, p):               # 中序遍历
        if p is not None:
            self.inOrder(p.left)
            p.visited()
            self.inOrder(p.right)
    def postOrder(self, p):             # 后序遍历
        if p is not None:
            self.postOrder(p.left)
            self.postOrder(p.right)
            p.visited()
    def find(self, root, node):
        boo = False
        while root is not None:
            if node.data == root.data:
                boo = True
                return boo
            elif node.data < root.data:
                root = root.left
            else:
                root = root.right
        return boo
nodeA = Node("A")
nodeB = Node("B")
nodeC = Node("C")
nodeD = Node("D")
```

```
nodeE = Node("E")
nodeF = Node("F")
nodeG = Node("G")
nodeA.left = nodeB
nodeA.right = nodeC
nodeB.left = nodeD
nodeB.right = nodeE
nodeC.right = nodeG
nodeD.left = nodeF
tree = BinaryBST(nodeA)
print("\n前序遍历树结点:")
tree.preOrder(tree.root)
print("\n中序遍历树结点:")
tree.inOrder(tree.root)
print("\n后序遍历树结点:")
tree.postOrder(tree.root)
node = Node("G")
print(f"\n{node.data}是树上的结点吗?{tree.find(nodeA, node)}")
node = Node("W")
print(f"{node.data}是树上的结点吗?{tree.find(nodeA, node)}")
```

注意：find(self,root,node)方法的时间复杂度是 $O(n)$（n 是二叉树的结点数目）。

8.4 平衡二叉树

创建平衡二叉树是为了不让树以及子树上的结点倾斜。

满足下列要求的二叉树是平衡二叉树：

（1）左子树和右子树深度之差的绝对值不大于1。

（2）左子树和右子树也都是平衡二叉树。

二叉树上结点的左子树的深度减去其右子树的深度称为该结点的平衡因子,平衡因子只可以是 0,1,−1,否则就不是平衡二叉树。例如,前面的图 8.1(a)不是平衡二叉树,图 8.1(b)和图 8.1(c)是平衡二叉树。

根据平衡二叉树的特点,可以用数学方法证明平衡二叉树的高度（深度）最大是 $1.44\log_2(n+2)-1$,最小是 $\log_2(n+1)-1$,其中 n 是二叉树上的结点数目（证明略）。

注意：完全二叉树是平衡二叉树,但平衡二叉树不一定是完全二叉树,因为平衡二叉树不要求没有兄弟结点的结点必须是左结点,而且最下一层的叶结点也不必靠左对齐。

8.5 二叉查询树和平衡二叉查询树

由于笼统的二叉树很难能形成有效算法,所以本节先给出二叉查询树,然后介绍两种经典的平衡二叉查询树。

1. 二叉查询树

二叉查询树（Binary Search Tree,BST）的每个结点 Node 都存储一个可比较大小的数据,且满足以下条件。

（1）Node 的左子树中所有结点中的数据都小于 Node 结点中的数据。

（2）Node 的右子树中所有结点的对象都大于或等于 Node 结点的中的对象；

（3）左、右子树都是二叉查询树。

二叉查询树的任意结点中的数据大于左子结点中的数据,小于或等于右子结点中的数据(如图8.4(a)所示)。但是,如果一个二叉树的任意结点中的数据大于左子结点中的数据,小于或等于右子结点中的数据,它不一定是二叉查询树,比如图8.4(b)中根结点 E 的右子树中的 B 结点值不大于 E 结点值,所以它不是二叉查询树。

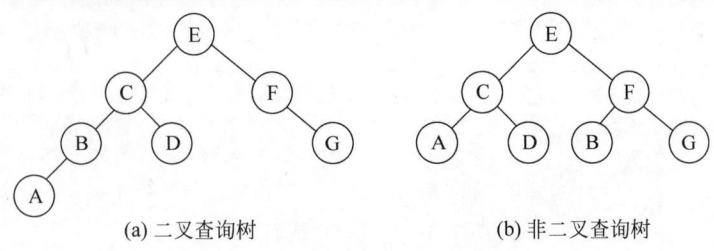

(a) 二叉查询树　　　　　　　　(b) 非二叉查询树

图 8.4　二叉查询树和非二叉查询树

如果按中序遍历二叉查询树,输出的数据刚好是升序排列。所以也称二叉查询树是有序二叉树。

例 8-2　中序遍历二叉查询树。

本例 ch8_2.py 中的 BinaryTree 类创建了如图 8.4(a)所示的二叉树查询树,并按中序遍历输出了树上结点中的数据(升序),效果如图 8.5 所示。

中序遍历树结点:
A B C D E F G

图 8.5　中序遍历与二叉查询树

ch8_2.py

```python
class Node:
    def __init__(self, data):
        self.data = data
        self.left = None
        self.right = None
    def visited(self):
        print(self.data, end = " ")
class BinaryBST:
    def __init__(self, root = None):
        self.root = root
    def inOrder(self, p):  # 中序遍历
        if p is not None:
            self.inOrder(p.left)
            p.visited()
            self.inOrder(p.right)
nodeA = Node("A")
nodeB = Node("B")
nodeC = Node("C")
nodeD = Node("D")
nodeE = Node("E")
nodeF = Node("F")
nodeG = Node("G")
nodeE.left = nodeC
nodeE.right = nodeF
nodeC.left = nodeB
nodeC.right = nodeD
nodeF.right = nodeG
nodeB.left = nodeA
tree = BinaryBST(nodeE)
print("中序遍历树结点:")
tree.inOrder(tree.root)
```

2. 平衡二叉查询树

不加其他附属条件限制的二叉查询树可以退化为线性结构或斜树,查询复杂度是 $O(n)$,如图 8.6 所示。

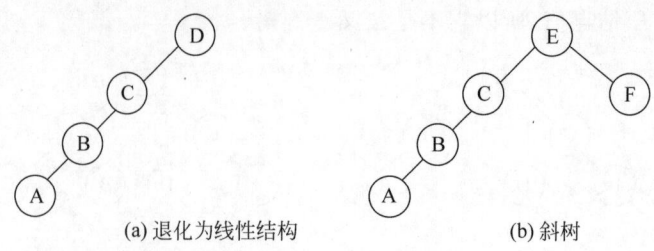

(a) 退化为线性结构　　　　　　(b) 斜树

图 8.6　线性结构或斜树

为了能让二叉查询树的查询复杂度是 $O(\log_2 n)$,就需要让二叉查询树是平衡二叉查询树。二叉查询树的特点特别适合查询数据,因为如果要找的数据不在当前的结点中,那么如果大于当前结点中的数据,就只需到右子树中继续查找,如果小于当前结点中的数据,就只需到左子树中继续查找。二叉树是平衡树,才能使得查询复杂度是 $O(\log_2 n)$,因为平衡二叉树的深度(高度)最大是 $1.44\log_2(n+2)-1$,最小是 $\log_2(n+1)-1$,那么查询叶结点的最大深度不会超过 $1.44\log_2(n+2)-1$,因此查询时间复杂度是 $O(\log_2 n)$。平衡二叉查询树的查找操作非常类似二分法,由于是平衡二叉查询树,在查询过程中结点的数目近似以 2 的幂次方在减小,所以它的查询时间复杂度和二分法的查询时间复杂度相同,都是 $O(\log_2 n)$(见第 2 章例 2-9)。

例 8-3　创建平衡二叉查询树。

本例 ch8_3.py 用 BinaryBST 类创建了如图 8.7 所示的平衡二叉查询树,同时查询了某个数据是否和树上的某结点中的数据相同,和例 8-1 比较,本例中的 find() 函数不是递归算法,本例创建的是平衡二叉查询树,使得 find() 函数的时间复杂度是 $O(\log n)$,运行效果如图 8.8 所示。

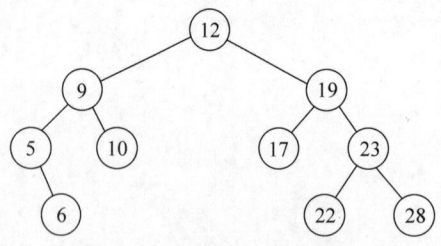

图 8.7　平衡二叉查询树　　　　　图 8.8　创建平衡二叉查询树

ch8_3.py

```
class Node:
    def __init__(self, data):
        self.data = data
        self.left = None
        self.right = None
    def visited(self):
        print(self.data, end = " ")
class BinaryBST:
    def __init__(self, root = None):
        self.root = root
    def inOrder(self, p):            # 中序遍历
```

```
            if p is not None:
                self.inOrder(p.left)
                p.visited()
                self.inOrder(p.right)
#和例 8-1 比较,find()函数不是递归算法,如果树是平衡二叉查询树,它时间复杂度是 O(log₂n)
    def find(self, node):
        current = self.root
        while current is not None:
            if node.data == current.data:
                return True
            elif node.data < current.data:
                current = current.left
            else:
                current = current.right
        return False
node12 = Node(12);
node9 = Node(9);
node19 = Node(19);
node5 = Node(5);
node10 = Node(10);
node17 = Node(17);
node23 = Node(23);
node6 = Node(6);
node22 = Node(22);
node28 = Node(28);
node12.left = node9;
node12.right = node19;
node9.left = node5;
node9.right = node10;
node19.left = node17;
node19.right = node23;
node5.right = node6;
node23.left = node22;
node23.right = node28;
tree = BinaryBST(node12)
print("中序遍历树结点:")
tree.inOrder(tree.root)
node = Node(17)
print(f"\n{node.data}是树上的结点吗?{tree.find(node)}")
node = Node(100)
print(f"{node.data}是树上的结点吗?{tree.find(node)}")
```

二叉查询树还涉及(动态)添加结点、删除结点等操作。例 8-1～例 8-3 给出的树都是不可变树,即没有提供添加结点和删除结点的方法,这样的树属于干树或死树,实际应用价值不大。

添加或删除结点必须要保持二叉树仍然是平衡二叉树,而且保持平衡的算法时间复杂度最好也是 $O(\log_2 n)$。以下讲解两种重要的平衡二叉树:红黑树和 AVL 树。

1) 红黑树

红黑树是一种平衡的二叉查询树。它的平衡性质的维护主要是通过颜色标记结点等操作来达成。红黑树中的所有结点都被标记为红色或黑色,并且满足以下规则。

(1) 根结点是黑色的。
(2) 每个叶结点是黑色的。
(3) 如果一个结点是红色的,则其左、右子结点都是黑色的。
(4) 任何一条从根到叶结点的路径上黑色结点的数量都是相同的。

通过这些规则,红黑树可以保证搜索、插入和删除等操作的复杂度都是 $O(\log n)$。

2）AVL 树

AVL 树是根据两位发明者 Adelson-Velsky 和 Landis 命名的一种平衡的二叉查询树。它的平衡性质的维护主要通过旋转子树等操作来完成，使得 AVL 树的查询、插入和删除等操作的时间复杂度都是 $O(\log_2 n)$。

8.6　SortedSet 有序集

二叉查询树是一种有序的集合（按中序遍历，见例 8-2）。Python 的 sortedcontainers 模块的 SortedSet 类提供了一种有序集的数据结构，SortedSet 类的实例是基于红黑树的平衡二叉查询树，支持快速插入、删除和查找操作（复杂度都是 $O(\log_2 n)$）。我们称 SortedSet 类的实例为有序集（有序集是平衡二叉查询树），有序集中不允许有大小相同的两个数据，当遍历输出有序集的数据时，有序集会按中序遍历二叉树，刚好是从小到大输出有序集中的数据，这也正是称 SortedSet 类的实例为有序集的原因。

注意：Python 的 SortedSet 类相当于 Java 集合框架中的 TreeSet 类、C++标准模板库中的 std：：set 类。

要使用 sortedcontainers.SortedSet 类，需要先安装 sortedcontainers 模块。可以在命令行使用以下命令通过 pip 在线安装该模块：

```
python -m pip install sortedcontainers
```

或

```
pip install sortedcontainers
```

在安装提示信息中，如果看到类似 Successfully installed sortedcontainers-2.4.0 的提示，说明安装成功。

尽管 SortedSet 的实例是一棵平衡二叉查询树，但因为 SortedSet 的实例的称谓是有序集，因此以下称有序集中的结点为元素，以便符合集合的习惯用语。

1. 创建一个空的有序集

使用不带参数的构造方法创建一个空的有序集，例如：

```
s = SortedSet()
```

然后有序集就可以使用 add() 方法向该集添加元素，例如：

```
s.add(3)
s.add(1)
s.add(2)
```

注意：有序集中不允许有大小相同的两个数据，如果已有元素中的数据是 value，那么 s.add(value) 不会成功。

2. 使用列表创建有序集

用列表中的值作为有序集中元素的值创建一个有序集合，例如：

```
bst = SortedSet([3, 1, 4, 1, 5, 9, 2, 6, 5, 3, 5])
```

3. 使用已有有序集创建有序集

可以用已有的有序集创建一个有序集，例如：

```
bst_new = SortedSet(bst)
```

bst_new 的元素中的数据和 bst 的相同。如果 bst_new 修改了元素中的数据,不会影响 bst 元素中的数据;如果 bst 修改了元素中的数据,也不会影响 bst_new 元素中的数据。

注意:SortedSet 树的结点是通过内部类 Node 来表示的(用户程序不能直接使用这个内部类)。当有序集使用 add() 方法时,SortedSet 自动用 Node 创建结点、结点包含了存储的数据以及指向左子结点和右子结点的引用。

4. 指定数据的大小关系

创建有序集时可以使用 Lambda 表达式指定元素值按 Lambda 表达式给出的返回值互相比较大小,例如:

```python
bst_1 = SortedSet(key = lambda x: abs(x)//10 % 10)      #按元素值十位数字比较大小
bst_2 = SortedSet([123,56,98], key = lambda x: abs(x) % 10);   #按元素值个位数字比较大小
```

SortedSet 构造方法不接收多于一个参数的 Lambda 表达式,如果规定大小关系希望用两个元素值参与时可以自定义一个比较函数,然后将该函数传递给 SortedSet 构造方法,例如:

```python
from sortedcontainers import SortedSet
import functools
def custom_compare(a, b):           #规定有序集元素值的大小关系的函数
    return a % 10 - b % 10
bst_1 = SortedSet(key = functools.cmp_to_key(custom_compare))    #用自定义函数比较大小
bst_1.update({123,56,98})
bst_2 = SortedSet([12,9,111],key = functools.cmp_to_key(custom_compare))
print(list(bst_1))                  #输出:[123, 56, 98]
print(list(bst_2))                  #输出:[111, 12, 9]
```

5. 元素值是对象

如果有序集的元素的数据是对象,例如 Point 类的对象,那么创建对象的类需要重载 __lt__(小于)、__gt__(大于)、__eq__(等于)方法(也称重载关系运算符,见附录 A),以使得平衡二叉树可以查找或比较元素中的数据,例如:

```python
class Point:
    def __init__(self, x, y):
        self.x = x
        self.y = y
    def __lt__(self, other):            #重载小于
        return self.x < other.x and self.y < other.y
    def __gt__(self, other):            #重载大于
        return self.x > other.x and self.y > other.y
    def __eq__(self, other):            #重载等于
        return self.x == other.x and self.y == other.y
#创建两个 Point 对象
p1 = Point(1, 2)
p2 = Point(3, 4)
#使用重载的比较运算符进行比较
print(p1 < p2)                  #输出 True
print(p1 > p2)                  #输出 False
print(p1 == p2)                 #输出 False
```

例 8-4 创建有序集。

本例 ch8_4.py 中首先创建一个空的有序集 treeInt,然后向 treeInt 添加 4 个元素,随后再用 treeInt 创建有序集 treeNew。用新的大小关系创建有序集 tree,然后向 tree 添加元素,元素中的数据和 treeInt 的相同,运行效果如图 8.9 所示。

```
treeInt 的数据（升序）：
SortedSet([28, 79, 106, 157, 315])
28 79 106 157 315
28在有序集合中吗？ True 128在有序集合中吗？ False
treeNew插入11,10结点,
treeNew中的数据（升序）：
10 11 28 79 106 157 315
treeNew删除一个结点(28).
treeNew结点中的数据（升序）：
10 11 79 106 157 315
treeInt中的数据（升序）：
28 79 106 157 315
tree中的数据（按个位数大小升序）：
315 106 157 28 79
treeInt中的数据（按十位数大小升序）：
106 315 28 157 79
```

图 8.9　创建有序集

ch8_4.py

```python
from sortedcontainers import SortedSet
treeInt = SortedSet([106, 315, 157, 28, 79])
print("treeInt 的数据(升序):")
print(treeInt)
for value in treeInt:
    print(value, end = " ")
print("\n28 在有序集合中吗?", 28 in treeInt, end = " ")
print("128 在有序集合中吗?", 128 in treeInt)
treeNew = SortedSet(treeInt)
treeNew.update({11, 10})
print("treeNew 插入 11,10 结点,")
print("treeNew 中的数据(升序):")
for value in treeNew:
    print(value, end = " ")
treeNew.remove(28)
print("\ntreeNew 删除一个结点(28).")
print("treeNew 结点中的数据(升序):")
for value in treeNew:
    print(value, end = " ")
print("\ntreeInt 中的数据(升序):")
for value in treeInt:
    print(value, end = " ")
tree = SortedSet(treeInt, key = lambda x: x % 10)
print("\ntree 中的数据(按个位数大小升序):")
for value in tree:
    print(value, end = " ")
treeMod = SortedSet(treeInt, key = lambda x: x // 10 % 10)
print("\ntreeInt 中的数据(按十位数大小升序):")
for value in treeMod:
    print(value, end = " ")
```

8.7　有序集的基本操作

（1）add(value)：向有序集中添加一个值是 value 的元素。

（2）update(value_1,value_2,…,value_n)：向有序集中添加多个元素。

（3）discard(value)：从有序集中删除值是 value 的元素，如果元素不存在不会抛出异常。

（4）remove(value)：从有序集中移除值是 value 的元素，如果元素不存在则会抛出 KeyError 异常。

（5）clear()：清空有序集中的所有元素。

（6）copy()：返回有序集的浅拷贝。

（7）pop(index)：移除并返回指定索引处的元素，pop()表示移除最后一个元素。

（8）bisect_left(value)：如果在有序集中找到一个元素的值是 value，该函数返回此元素左侧元素的索引（按排序的索引，索引从 0 开始），如果没有找到这样的元素，该方法返回有序集元素的数量。

（9）bisect_right(value)：如果在有序集中找到一个元素值是 value，该函数返回此元素右侧元素的索引（按排序的索引，索引从 0 开始），如果没有找到这样的元素，该方法返回有序集的元素的数量(bisect_left 和 bisect_right 都是二分法)。

（10）isdisjoint(other)：判断当前有序集与另一个有序集是否不相交。

（11）issubset(other)：判断当前有序集是否为另一个有序集的子集。

（12）issuperset(other)：判断当前有序集是否为另一个有序集的超集。

（13）intersection(other)：返回当前有序集与另一个有序集的交集。

（14）union(other)：返回当前有序集与另一个有序集的并集。

（15）difference(other)：返回当前有序集与另一个有序集的差集。

（16）symmetric_difference(other)：返回当前有序集与另一个有序集的对称差集。

注意：有序集有着特殊的结构，可以实现添加、查询、删除结点的操作，但无法实现更新元素中数据的操作。因为直接修改结点的值可能会破坏红黑树的排序性质。如果需要更新元素的数据，可以先删除原来的元素，然后再添加新的元素。

注意：把 n 个可比较大小的不同的数据添加进有序集，由于 add() 函数的时间复杂度是 $O(\log_2 n)$，那么对这 n 个数据实现排序的时间复杂度就是 $O(n\log_2 n)$。

例 8-5 使用有序集模拟双色球。

有序集删除元素的时间复杂度 $O(\log_2 n)$ 要小于列表删除元素的时间复杂度 $O(n)$。第 5 章的例 5-4 使用列表获得 n 个互不相同的随机数，其时间复杂度是 $O(n^2)$。本例 ch8_5.py 中的 get_random_by_tree(number,n) 函数获得 n 个 1～number 范围的随机数的时间复杂度是 $O(n\log_2 n)$（小于 $O(n^2)$）。

双色球的每注投注号码由 6 个红色球号码和 1 个蓝色球号码组成。6 个红色球的号码互不相同，号码是 1～33 的随机数；蓝色球号码是 1～16 的一个随机数。本例首先使用了有序集的一些常用方法，然后使用 get_random_by_tree(number,n) 函数模拟双色球，运行效果如图 8.10 所示。

```
12 56 100 112 315
tree的元素数量：5
100的索引：2
红色球： 5 13 15 16 24 31
蓝色球： 10
```

图 8.10 模拟双色球

ch8_5.py

```python
import random
from sortedcontainers import SortedSet
def get_random_by_tree(number, n):
    if number <= 0 or n <= 0:
        raise ValueError("数字不是正整数")
    result = SortedSet()
    s = SortedSet(range(1, number + 1))
    random.seed()
    while len(result) < n:
        random_number = random.randint(1, len(s))
        result.add(s[random_number - 1])
        s.discard(s[random_number - 1])
    return result
a = [12, 12, 315, 56, 100, 112]
tree = SortedSet(a)
for number in tree:
```

```
        print(number, end = " ")
    print()
    print("tree 的元素数量:", len(tree))
    num = 100
    index = tree.index(num)
    print(f"{num}的索引:{index}")
    try:
        red = get_random_by_tree(33, 6)      # 双色球中的 6 个红色球
        blue = get_random_by_tree(16, 1)     # 双色球中的 1 个蓝色球
        print("红色球:", end = " ")
        for number in red:
            print(number, end = " ")
        print("\n 蓝色球:", end = " ")
        for number in blue:
            print(number, end = " ")
        print()
    except ValueError as e:
        print("数字不是正数")
```

例 8-6 求最大、最小连接数。

本例借助有序集解决这样的问题：设有 n 个正整数，将它们连接在一起，求能组成的最大和最小整数。

一个想法就是把这 n 个正整数从大到小排列（从小到大排列），然后再连接在一起，就会得到最大的连接数（最小的连接数）。这个算法是可行的，但却少了正确性，算法既要有可行性，又必须有正确性。例如 52 和 520，那么 52 在前、520 在后的连接数 52520 就比 520 在前、52 在后的连接数 52052 大。即两个数做连接时大的在前、小的在后得到的连接数不一定大于小的在前、大的在后得到的连接数。

其实这个想法并不完全没道理，关键是怎么定义大小。换个思路，即重新定义正整数之间的大小关系。假设 a 和 b 是任意两个正整数，把 a 和 b 的连接数以及 b 和 a 的连接数分别记作 ab 和 ba，然后如下定义 a 和 b 的大小关系：

（1）如果 $ab>ba$，规定 a 大于 b。
（2）如果 $ab<ba$，规定 a 小于 b。
（3）如果 $ab=ba$，规定 a 等于 b。

按照这样的大小关系把正整数添加到有序集中，那么把此有序集的元素的数据从大到小连接在一起就得到最大的连接数、从小到大连接在一起就得到最小的连接数。

```
[7, 13, 5, 6]的最大连接数:76513
[7, 13, 5, 6]的最小连接数:13567
[52, 520]的最大连接数:52520
[52, 520]的最小连接数:52052
```
图 8.11 求最大、最小连接数

本例 ch8_6.py 中的 get_max_connect_number(arr) 函数返回几个正整数最大的连接数，get_min_connect_number(arr) 函数返回几个正整数的最小连接数，运行效果如图 8.11 所示。

ch8_6.py

```
from sortedcontainers import SortedSet
import functools
def custom_compare(a, b):        # 规定有序集值的大小关系
    return int(str(a) + str(b)) - int(str(b) + str(a))
def get_max_connect_number(arr):
    tree = SortedSet(arr, key = functools.cmp_to_key(custom_compare))
    link = ''
    for num in reversed(tree):
        link += str(num)
    return int(link)
```

```python
def get_min_connect_number(arr):
    tree = SortedSet(arr, key = functools.cmp_to_key(custom_compare))
    link = ''
    for num in tree:
        link += str(num)
    return int(link)
a = [7, 13, 5, 6]
print(f"{a}的最大连接数:{get_max_connect_number(a)}")
print(f"{a}的最小连接数:{get_min_connect_number(a)}")
b = [52, 520]
print(f"{b}的最大连接数:{get_max_connect_number(b)}")
print(f"{b}的最小连接数:{get_min_connect_number(b)}")
```

8.8 有序集与数据统计

有序集的查找、添加、删除操作的时间复杂度都是 $O(\log_2 n)$，而且提供了几个适合统计数据的方法（见 8.7 节），可以用于解决下列数据统计问题。

（1）把若干不相同的整数排序。
（2）求若干不相同的整数的最大、最小整数。
（3）求若干不相同的整数中小于或等于某个值的整数。
（4）求若干不相同的整数中大于或等于某个值的整数。
（5）求若干不相同的整数的平均值。

例 8-7 统计随机数。

本例 ch8_7.py 统计了随机数，程序运行效果如图 8.12 所示。

```
30个随机数（升序）：
3  6  10 19 20 25 27 31 32 33 34 39 43 44 49 53 54 58 59 64 72 75 76 77 81 89
90 92 95 97
30个随机数的平均数：51.56666666666667
最小和最大数：3 和 97
60个随机数中小于60的数：
3  6  10 19 20 25 27 31 32 33 34 39 43 44 49 53 54 58 59
60个随机数中大于60的数：
64 72 75 76 77 81 89 90 92 95 97
```

图 8.12 统计随机数

ch8_7.py

```python
from sortedcontainers import SortedSet
import random
tree = SortedSet()
n = 30
random.seed()    # 使用当前时间作为随机种子
while len(tree) < n:
    random_number = random.randint(1, 100)
    tree.add(random_number)
print(f"{n}个随机数(升序):")
average = 0
for num in tree:
    print(num, end = " ")
    average += num
print()
print(f"{n}个随机数的平均数：{average / len(tree)}")
print(f"最小和最大数：{tree[0]} 和 {tree[-1]}")
n = 60
lower_bound = tree.bisect_left(n)
print(f"{n}个随机数中小于{n}的数:")
```

```
for num in tree[:lower_bound]:
    print(num, end = " ")
print()
upper_bound = tree.bisect_right(n)
print(f"{n}个随机数中大于{n}的数:")
for num in tree[upper_bound:]:
    print(num, end = " ")
print()
```

习题 8

扫一扫
习题

扫一扫
自测题

第 9 章 散列结构

本章主要内容
- 散列结构的特点；
- 简单的散列函数；
- 创建字典；
- 字典与字符、单词的频率；
- 字典与数据缓存；
- OrderedDict 类；
- 对象作为关键字。

前面学习了线性结构的顺序表、栈、队列以及树状结构的有序集，本章将学习一种非常特别的结构——散列结构。

9.1 散列结构的特点

生活中有些数据之间可能是密切相关的一对，例如一副手套、一双鞋子、一对夫妻等，即数据的逻辑结构是成对的，既不是线性结构也不是树结构，一对数据与另一对数据之间也无须有必然的关系。那么如何存储这样的数据对呢？以下要介绍的散列结构就是存储"数据对"的最重要的办法之一（10.8 节介绍的是另一种办法）。

1. 散列结构

数据对也称作键-值对，键和值都是某种类型的数据。叙述时可以把这一个键-值对记作（Key，Value），称 Key 是关键字（键）、Value 是值。

散列结构使用两个集合存储数据，一个集合称作关键字集合，记作 Key。另一个是值的集合，记作 Value。

Key 集合中的节点（或称元素）负责存储关键字，所有关键字对应的全部值称作散列结构的值集合，记作 Value，即 Value 中的节点负责存储值。称 Value 为散列结构中的散列表（hash 表，也常被称作哈希表）。简单地说，散列结构是根据关键字直接访问数据的数据结构，其核心思想是使用散列函数（hash()函数）把关键字映射到散列表中一个位置，即映射到散列表中的某个节点。

散列结构为 Value 集合分配的是一块连续的内存（即数组），负责存储 Value 中的节点。这块连续的内存的地址是连续编号的，因此可以用一个数组 hashValue[]表示这块连续的内存。内存的地址的首地址是 hashValue[0]的地址，那么第 i 个地址就是 hashValue[i]的地址。散列结构使用被称作散列函数的一个映射，通常记作 hash()（也常被称作哈希函数），为关键字指定一个值，即为关键字在 Value 中指定一个存储位置，以便将来用这个关键字查找存储在这个位置上的值。为 Value 分配的是一块连续的内存，假设其内存大小为 n，即 hashValue[]数组的长度为 n，那么抽象成数学问题：hash()函数本质上就是集合 Key 到整数集合 **N** 的一个映射：

$$Key \to N = \{0, 1, 2, \cdots, n\}$$

对于一个关键字,例如 Key1,如果 hash(Key1)=98,那么 Key1 关键字对应的节点就是数组 hashValue 第 98 个元素,即 hashValue[98],如图 9.1 所示。

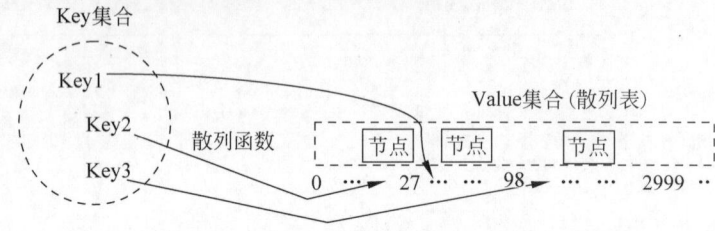

图 9.1 散列函数

一个散列函数(即 hash()函数)需保证以下两点。

(1) 对于不同的关键字,例如 Key1 和 Key2 是 Key 中的两个节点,即两个关键字,一定有 hash(Key1)不等于 hash(Key2),即 hash(Key1)和 hash(Key2)是两个不同的节点。但节点中的数据可能是相同的(数组的两个不同的元素中的值可能是相同的)。

(2) 为了保证第(1)点,让 hash()函数映射出的全部节点分散地分布在一块连续的内存中,这也是人们把 Value 称作散列表的原因。由于散列表中的节点是随机、分散分布的,所以不在散列表上定义任何关系(见第 1 章)。散列二字不是指数据之间的关系,而是形容存储形式的特点(hash()函数映射存储位置)。

如果出现 hash(Key1)和 hash(Key2)相同,就称关键字有冲突。散列算法就是研究如何避免冲突或减少冲突的可能性,以及在冲突不可避免时能给出解决问题的算法。

为了保证第(1)点和第(2)点,散列函数除了在算法上要有全面的考虑外(本章不介绍繁杂的 hash()函数算法,理解其作用即可),还需要通过装载因子来保证第(1)点,装载因子就是 Value 中节点的数目与给其分配的一块连续的内存大小的比值,即 Value 中节点的数目和数组 hashValue[]的长度的比值。装载因子是 0.75 被公认是比较好的数值,它是时间和空间成本之间的良好折中,因为给的内存空间越大,越能保证第(1)点,但同时会使得 hash()函数的映射速度慢一些。当 Value 中节点的数目越来越多时,例如达到总内存大小的一半时,就要重新调整内存,即分配新的数组,并把原数组 hashValue[]的值复制到新的数组中,新的数组成为 Value 的新的一块连续内存。

2. 查找、添加、删除的特点

由散列结构的特点可知,使用关键字查找、删除、添加 Value 中的节点,时间复杂度通常都是 $O(1)$,特殊情况,也是最坏情况,时间复杂度是 $O(n)$(如果关键字冲突,使用了链接法)。

散列结构具有数组的优点,即非常快的查询速度(随机访问的时间复杂度是 $O(1)$),同时又将查询数据(Value)的索引分离到另一个独立的集合(Key)中。数组最大的缺点就是将索引(下标)和数组元素绑定,因此一旦创建数组,就无法更改索引,即无法再改变数组的长度。散列结构可以随时添加一个键-值对(一个关键字、一个相应的值),或删除一个键-值对。

注意：散列结构的核心是处理'键-值'对,所以也习惯称散列结构是通过关键字访问数据的一种数据结构。

9.2 简单的散列函数

本节的目的不是研究散列函数,而是通过简单的例子——停车场进一步理解散列结构,后面使用 Python 字典来实现散列结构。

汽车停车场(模拟字典)初始状态有 10 个连续的车位,相当于散列结构中分配给字典 Value 的一块连续的内存空间(数组的长度是 10)。假设汽车的车牌号是 3 位数的正整数,相当于散列结构中的 Key 集合中节点里的关键字。停车场可以根据需要随时顺序地扩建停车位。

假设 carNumber 是车牌号,n 是总的车位个数,这里假设 $n=10$(即数组的长度),randomNumber 是小于或等于 carNumber、大于或等于 0 的随机数,location 表示停车位置,那么停车场采用的停车策略如下:

```
location = randomNumber % n
```

假设车牌号 123 得到的随机数 randomNumber 是 90,由于假设的 n 是 10,所以计算出 location 是 0,该车就停放在车位是 0 的位置上(即数组的第 0 个元素);车牌号 259 得到的随机数 randomNumber 是 134,那么 location 就是 4,该车就停放在车位是 4 的位置上(即数组的第 4 个元素);车牌号 876 得到的随机数 randomNumber 是 178,那么 location 就是 8,该车就停放在车位是 8 的位置上(即数组的第 8 个元素),如图 9.2 所示(深色填充的表示已经有车辆停放在该车位)。

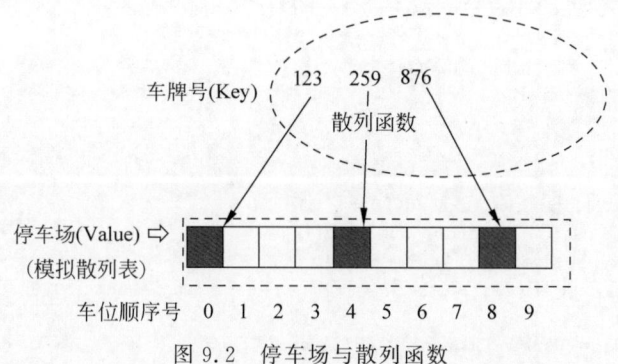

图 9.2 停车场与散列函数

每当一辆车来到停车场,如果用散列函数计算了若干次,例如计算了 10 次后,得到的车位号对应的车位上都是已经停放了车辆(被占用),这个时候就扩建停车场,让其容量增加两倍,然后再用散列函数计算车位号……,如此这般,只要内存足够大,总能找到停车位,如图 9.3 所示。由于用散列函数的算法是随机的,所以在某个时刻以后扩建停车场的概率就很小了。

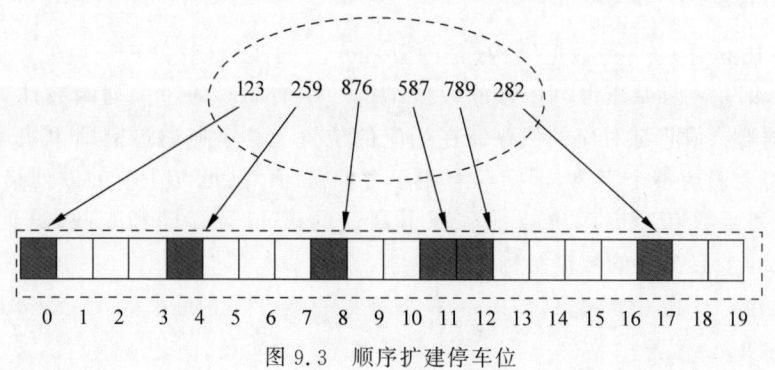

图 9.3 顺序扩建停车位

例 9-1 模拟散列结构的停车场。

本例 ch9_1.py 中的 ParkingSequential 类使用顺序办法增加停车场的车位,运行效果如图 9.4 所示。

```
车牌号为126的车停放在ParkingSequential停车场的 14号位置上。
车牌号为257的车停放在ParkingSequential停车场的 9号位置上。
车牌号为956的车停放在ParkingSequential停车场的 3号位置上。
```

图 9.4 散列结构的停车场的停车情况

ch9_1.py

```python
import random
class ParkingSequential:
    def __init__(self, initial_size):
        self.parking = [0] * initial_size              #停车位列表
    def put_car(self, car_number):
        n = len(self.parking)
        random.seed()                                   #使用当前时间做随机种子
        random_number = random.randint(0, car_number - 1)#根据车牌号得到随机数
        location = random_number % n  #计算停车位
        while self.parking[location] != 0:              # 当停车位被占用时
            if n >= 9999999:
                #不能无休止地扩建(除非内存足够大,就总能找到停车位)
                print("停车场容量不足,无法停车")
                return
            k = 1
            while k <= n:                               #继续寻找空车位
                random_number = random.randint(0, car_number - 1)
                location = random_number % n
                if self.parking[location] == 0:
                    break                               #找到停车位
                k += 1
            if k > n:                                   #没有找到空车位,扩建停车场
                n *= 2
                self.parking.extend([0] * n)            #扩容
                location = random_number % n
        self.parking[location] = car_number             # car_number 号码车停在 location
        print(f"车牌号{car_number}的车停放在 ParkingSequential 停车场的{location}号位置上.")
sequential_parking = ParkingSequential(25)
sequential_parking.put_car(126)
sequential_parking.put_car(257)
sequential_parking.put_car(956)
```

9.3 创建字典

字典是 Python 中的一种数据结构、是内置 dict 类的实例(对象),字典使用哈希表(Hash Table)来实现,即是一种基于散列函数的数据结构。字典的键通过散列函数计算得到一个哈希值,然后根据哈希值将键对应的值存储在相应的位置上。字典通过键即可快速地访问到对应的值,而不需要遍历整个字典,即字典可用于存储键-值对(见 9.1 节的散列结构)。Python 的字典通过散列函数和冲突解决技术实现了高效的键-值对存储和查找,这使得字典成为 Python 中非常重要且高效的数据结构之一。

注意:Python 的 dict 类相当于 Java 集合框架中的 HashMap 类、C++标准模板库中的 std::unordered_map 类。

1. 创建空字典

可以使用花括号{}来创建一个空字典，例如：

```
empty_dict = {}
print(empty_dict)        #输出{}
```

2. 初始化字典

可以通过指定键-值对的方式来初始化字典，例如

```
fruit_dict = {'apple': 5, 'banana': 7, 'orange': 3}
print(fruit_dict) #输出{'apple': 5, 'banana': 7, 'orange': 3}
```

3. 用已有字典创建字典

可以使用 dict()构造方法从已有的字典(键-值对的序列)创建字典，例如：

```
pairs = [('apple', 5), ('banana', 7), ('orange', 3)]
my_dict = dict(pairs)
print(my_dict) #输出{'apple': 5, 'banana': 7, 'orange': 3}
```

4. 字典对关键字类型的要求

Python 默认字典的关键字(键)必须是不可变的对象(特殊情况见 9.5 节)，通常是字符串、数字或元组。这是因为字典是通过哈希表来实现的，需要保证键的不可变的性质才能保证哈希的稳定性。

5. 字典的基本操作

(1) 获取值：使用键来获取对应的值，例如：

```
fruit_dict = {'apple': 5, 'banana': 7, 'orange': 3}
print(fruit_dict['apple'])      #输出 5
```

(2) 添加或修改键值对：直接添加新的键-值对，或修改已有的键的值，例如：

```
fruit_dict = {'apple': 5, 'banana': 7, 'orange': 3}
fruit_dict['grape'] = 9         #添加新的键-值对
fruit_dict['apple'] = 8         #修改已有键的值
```

(3) 删除键-值对：使用 del 关键字或 pop()方法，例如：

```
fruit_dict = {'apple': 5, 'banana': 7, 'orange': 3}
del fruit_dict['orange']                    #删除指定键值对
popped_value = fruit_dict.pop('banana')     #删除指定键值对并返回对应的值
fruit_dict.pop('banana',默认值)             #如果键 banana 存在,则删除指定键值对并返回对应的值
                                            #否则返回默认值
```

(4) 获取所有键或值：使用 keys()、values() 或 items() 方法。

```
fruit_dict = {'apple': 5, 'banana': 7, 'orange': 3}
keys = fruit_dict.keys()         #获取全部的键
values = fruit_dict.values()     #获取全部的值
items = fruit_dict.items()       #获取全部的键值对
```

6. 遍历字典

使用关键字遍历，可输出全部的值、直接输出全部的值、输出全部的关键字、输出全部的键值对，例如：

```
fruit_dict = {'apple': 5, 'banana': 7, 'orange': 3}
for key in fruit_dict:                      #遍历关键字输出全部的值
    print(fruit_dict[key])
print(list(fruit_dict.values()))            #直接输出全部的值
print(list(fruit_dict.keys()))              #输出全部的关键字
for key, value in fruit_dict.items():       #输出全部的键值对
    print(key, value)
```

例 9-2 创建字典并添加、删除键-值对。

本例 ch9_2.py 中首先创建一个空字典 carMAp，然后向空字典 carMap 添加 4 个键-值对，再用 carMap 创建另一个字典 mapNew。修改字典 mapNew 的键-值对，并不影响字典 carMap 中的键-值对，运行效果如图 9.5 所示。

```
car_map中的键-值对一共有: 4 对:
( 126 , 奔驰轿车 ) ( 257 , Jeep越野车 ) ( 956 , 宝马赛车 ) ( 18 , 奥迪A6 )
map_new中的键-值对一共有: 4 对:
( 126 , 奔驰轿车 ) ( 257 , Jeep越野车 ) ( 956 , 宝马赛车 ) ( 18 , 奥迪A6 )
car_map删除一个键-值对(126,奔驰轿车):
map_new修改一个键-值对(257,Jeep越野车):
car_map中的键-值对一共有: 3 对:
( 257 , Jeep越野车 ) ( 956 , 宝马赛车 ) ( 18 , 奥迪A6 )
map_new中的键-值对一共有: 4 对:
( 126 , 奔驰轿车 ) ( 257 , Jeep指南者越野车 ) ( 956 , 宝马赛车 ) ( 18 , 奥迪A6 )
```

图 9.5 创建字典

ch9_2.py

```python
car_map = {
    126: "奔驰轿车",
    257: "Jeep 越野车",
    956: "宝马赛车"
}
car_map[18] = "奥迪 A6"
print("car_map 中的键 - 值对一共有:", len(car_map), "对:")
for key, value in car_map.items():
    print("(", key, ",", value, ")", end = " ")
print()
map_new = dict(car_map)                    # 使用 car_map 复制构造
print("map_new 中的键 - 值对一共有:", len(map_new), "对:")
for key, value in map_new.items():
    print("(", key, ",", value, ")", end = " ")
print()
print("car_map 删除一个键 - 值对(126,奔驰轿车):")
del car_map[126]  # 根据关键字删除'键 - 值'对
print("map_new 修改一个键 - 值对(257,Jeep 越野车):")
map_new[257] = "Jeep 指南者越野车"         # 根据关键字修改键 - 值对
print("car_map 中的键 - 值对一共有:", len(car_map), "对:")
for key, value in car_map.items():
    print("(", key, ",", value, ")", end = " ")
print()
print("map_new 中的键 - 值对一共有:", len(map_new), "对:")
for key, value in map_new.items():
    print("(", key, ",", value, ")", end = " ")
print()
```

9.4 字典与字符、单词频率

借助关键字 key 可以统计关键字对应的数据 value。比如统计一个英文文本文件中字母、单词出现的次数频率。

（1）每次读取文件的一个字符，如果是字母，并且字典中还没有(key,value)：(字母,次数)，字典就添加(key,value)：(字母,次数)，如果字典中已经有(key,value)：(字母,次数)，就更新该(key,value)：(字母,次数)，将其次数增加 1。

（2）每次读取文件的一个单词，如果字典中还没有(key,value)：(单词,次数)，字典就添加(key,value)：(单词,次数)，如果字典中已经有(key,value)：(单词,次数)，就更新该(key,value)：(单词,次数)，将其次数增加 1。

例 9-3 统计字母、单词出现的次数。

本例 ch9_3.py 借助字典统计文本文件 input.txt 中字母和单词出现的次数,程序运行结果如图 9.6 所示,input.txt 内容如下:

```
input.txt共出现21个字母:
(e, 11) (v, 3) (r, 8) (y, 4) (m, 2) (o, 10) (n, 5) (i, 4) (g, 4) (w, 1) (t, 5) (s, 6)
(c, 3) (h, 5) (l, 6) (a, 6) (b, 1) (u, 3) (f, 1) (d, 2) (p, 1)
input.txt共出现16个单词:
(every, 1) (morning, 1) (we, 1) (go, 1) (to, 1) (school, 2) (the, 3) (classrooms, 1)
(in, 1) (are, 1) (very, 2) (beautiful, 1) (and, 1) (playground, 1) (is, 1) (large, 1)
```

图 9.6 统计字母、单词出现的次数

Every morning, we go to school. The classrooms in the school are very beautiful, and the playground is very large.

ch9_3.py

```python
letter_frequency = {}                    #用于统计字母出现次数的字典
word_frequency = {}                      #用于统计单词出现次数的字典
file_name = "input.txt"
try:
    with open(file_name, 'r') as file:
        word = ''
        for line in file:
            for c in line:
                if c.isalpha():          #如果是字母
                    letter = c.lower()
                    if letter in letter_frequency:
                        letter_frequency[letter] += 1
                    else:
                        letter_frequency[letter] = 1
                    word += c.lower()    #将字母添加到当前单词中
                else:                    #如果不是字母
                    if word:             #如果当前单词非空
                        if word in word_frequency:
                            word_frequency[word] += 1
                        else:
                            word_frequency[word] = 1
                        word = ''        #重置当前单词
        print(f"{file_name}共出现{len(letter_frequency)}个字母:")
        for letter, frequency in letter_frequency.items():
            print(f"({letter}, {frequency})", end = " ")
        print()
        print(f"{file_name}共出现{len(word_frequency)}个单词:")
        for word, frequency in word_frequency.items():
            print(f"({word}, {frequency})", end = " ")
        print()
except FileNotFoundError:
    print(f"无法读取 {file_name}")
```

9.5 字典与数据缓存

字典在查询数据时使用关键字查询数据的时间复杂度是 $O(1)$,和数组使用下标访问数组元素的时间复杂度是一样的,所以字典也适合用于数据缓存:把经常、频繁访问的数据存储在字典中,可以快速地检索和访问数据,提高程序的运行效率(在第 3 章 3.7 节优化递归时曾以这样的方式使用过字典)。

例如,一些程序中经常需要使用某些数的阶乘,如果每次都计算阶乘,会影响程序的运行效率(计算阶乘的时间复杂度是 $O(n)$)。可以事先使用关键字将阶乘存储在字典中,即将 (key,value)(这里指(整数,阶乘))存储在字典中,那么以后再使用阶乘的时间复杂度就是 $O(1)$。如果用户经常需要计算平方根,也可以将常用的平方根放在字典中,避免每次都是现用现算,从而提高程序的运行效率。

例 9-4 使用字典缓存数据。

本例 ch9_4.py 将频繁使用的阶乘放在 Hash 类的字典中,并借助 Hash 类的字典计算一些组合:

```
C(12,5) = 792
C(10,6) = 210
```

$$C(n,r) = \frac{n!}{r!\,(n-r)!}$$

图 9.7 使用字典缓存数据   比如,$C(12,5)$,$C(10,6)$ 等。运行效果如图 9.7 所示。

ch9_4.py

```
import math
class Hash:
    map = {}                               # 用于存储阶乘结果的字典
    @staticmethod
    def initialize_map():
        for i in range(1, 21):
            Hash.map[i] = math.factorial(i)   # 将 20 以内的阶乘放入字典
    @staticmethod
    def get_factorial(n):
        if n <= 20:
            return Hash.map[n]
        else:
            m = math.factorial(n)
            Hash.map[n] = m
            return m
# 确保对 Hash 类的静态成员变量 map 进行了定义和初始化
Hash.initialize_map()
n = 12
r = 5
result = Hash.get_factorial(n) // (Hash.get_factorial(r) * Hash.get_factorial(n - r))
print(f"\nC({n},{r}) = {result}")
n = 10
r = 6
result = Hash.get_factorial(n) // (Hash.get_factorial(r) * Hash.get_factorial(n - r))
print(f"C({n},{r}) = {result}")
```

类的静态成员变量需要在类外进行定义和初始化。这是因为静态成员变量是属于整个类的,而不是属于类的实例。因此,需要在类外对静态成员变量进行定义和初始化。例如

```
Hash.initialize_map()
```

是在类 Hash 外部对静态成员变量 map 进行了定义和初始化。这样做可以确保静态成员变量在程序运行时被正确初始化。这种做法是 Python 语言规定的,用于确保静态成员变量的正确性和可靠性。

9.6 OrderedDict 类

collections 模块中的 OrderedDict 类的实例也是存储键-值对的数据结构,称 OrderedDict 类的实例为有序字典。字典和有序字典的区别是如下两点。

(1) 字典(dict)：字典中的键-值对的顺序是不固定的，因此，迭代字典时，键值对的顺序是不确定的(不一定是添加键值对的顺序)。

(2) 有序字典(OrderedDict)：有序字典会记住插入键值对的顺序(这也是称它为有序字典的缘由)，并且在迭代时会按照插入顺序返回键值对。这意味着，无论何时向有序字典中添加新的键值对，这个新的键值对都会被放置在有序字典的末尾。

我们可以根据具体的应用问题，选择使用字典或有序字典。

注意：有序字典需要用链表记住顺序，相对于字典，有序字典会使用更多的内存空间。

例 9-5 有序字典。

本例 ch9_5.py 中使用了有序字典，运行效果如图 9.8 所示。

```
OrderedDict([('a', 1), ('b', 2), ('c', 3), ('d', 4), ('e', 5)])
```

图 9.8 有序字典

ch9_5.py

```python
from collections import OrderedDict
#有序字典
ordered_dict = OrderedDict()
ordered_dict['a'] = 1
ordered_dict['b'] = 2
ordered_dict['c'] = 3
ordered_dict['d'] = 4
ordered_dict['e'] = 5
print(ordered_dict)
```

9.7 对象作为关键字

默认情况下，字典的关键字(键)必须是不可变的对象，通常是整数、浮点数、字符串、元组等(列表不可以作为关键字)。如果需要用对象作为字典的关键字，那么创建对象的类需要重载哈希函数(hash())。重载哈希函数需要遵循以下原则。

(1) 哈希函数应返回一个 Python 可以计算出的 hash 值(通常为某种不变对象的 hash 值)。

(2) 对于相等的对象，哈希函数应该产生相同的哈希值。

注意：在重载 hash()函数的同时，创建对象的类也需要重载等于方法，有关等于方法的重载见附录 A。

例 9-6 对象作为关键字。

本例 ch9_6.py 的 Student 类重载了 hash()函数，并使用 Student 类的实例作为字典的关键字，运行效果如图 9.9 所示。

```
张三 11
张三计算10001与11的和:10012
李四 17
李四计算10002与17的和:10019
赵五 19
赵五计算10003与19的和:10022
```

图 9.9 对象作为关键字

ch9_6.py

```python
class Student:
    def __init__(self, info, id):
        self.info = info
        self.id = id
    def __eq__(self, other):           #重载相等方法
        return self.id == other.id
    def __hash__(self):                #重载 hash()函数
```

```
            return hash(self.id)
    def add(self, num):              # id 和 num 求和
            return self.id + num
stu1 = Student(['张三', '男', '2002-12-17'], 10001)
stu2 = Student(['李四', '男', '2003-10-18'], 10002)
stu3 = Student(['赵五', '男', '2004-11-22'], 10003)
stu_dict = {stu1: 11, stu2: 17, stu3: 19}  # 创建 stu_dict 字典
for key, value in stu_dict.items():
    print(key.info[0], value)
    print(f"{key.info[0]}计算{key.id}与{value}的和:{key.add(value)}")
```

习题 9

扫一扫　　　　扫一扫

习题　　　　自测题

第 10 章　集合

本章主要内容
- 集合的特点；
- set 类；
- 集合的基本操作；
- 集合与数据过滤；
- 集合与获得随机数；
- 集合与对象。

数据结构的逻辑结构主要有线性结构、树结构，图结构和集合。前面的章节已经接触到了线性结构（例如列表）和树结构（例如二叉树）。本章我们学习集合。

10.1　集合的特点

集合是不在其上定义任何关系的一种数据结构（见第 1 章），称集合中的数据为集合中的元素。集合就是数学意义的集合，它由互不相同的元素所构成。

通常我们用大写的字母表示一个集合，例如 A,B,C 等。如果一个元素 e 属于集合 A，数学上记作 $e \in A$。如果一个元素 e 不属于集合 A，数学上记作 $e \notin A$。

关于集合的主要操作如下。

（1）集合的并集：假设 C 是 A 和 B 的并集，那么 $e \in C$ 当且仅当 $e \in A$ 或 $e \in B$，数学上记作：

$$C = A \cup B$$

在数学上用 $A \cup B$ 表示 A 和 B 的并集。

（2）集合的交集：假设 C 是 A 和 B 的交集，那么 $e \in C$ 当且仅当 $e \in A$ 且 $e \in B$。数学上记作：

$$C = A \cap B$$

在数学上用 $A \cap B$ 表示 A 和 B 的交集。

（3）集合的差集：假设 C 是 A 和 B 的差集，那么 $e \in C$ 当且仅当 $e \in A$ 且 $e \notin B$。数学上记作：

$$C = A - B$$

在数学上用 $A - B$ 表示 A 和 B 的差集。

（4）集合的对称差：假设 C 是 A 和 B 的对称集，那么 $e \in C$ 当且仅当 $e \in A$ 且 $e \notin B$ 或 $e \in B$ 且 $e \notin A$，数学上记作：

$$C = (A - B) \cup (B - A)$$

在数学上用 $(A - B) \cup (B - A)$ 表示 A 和 B 的对称差。

10.2　set 类

　　set 是 Python 内置模块的一个类，称 set 类的对象（实例）为散列集合，简称集合。集合元素的存储是通过散列函数（哈希函数）来实现的。集合在其内部对每个元素，都是根据散列函数确定该元素在一块连续的存储空间（一个数组）中的索引位置。即根据内部采用的散列算法来确定元素的存储位置。当给集合添加一个元素时，集合首先按照其内部算法（知道原理即可）得到元素的存储位置；当删除集合中的一个元素时，集合首先按照其内部算法得到元素的位置，然后删除元素；当查找集合中一个元素时，集合首先按照其内部算法得到元素的位置查找元素。因此，集合的添加、查找和删除元素等操作的时间复杂度为 $O(1)$。

　　集合（set 的实例）和有序集（SortedSet 类的实例，见第 8 章 8.6 节）比较，集合中的元素没有特定的顺序，而是根据元素的哈希值进行组织和存储，这使得在大多数情况下，集合比有序集具有更快的查找性能（有序集在添加、查找和删除元素等操作的时间复杂度为 $O(\log_2 n)$）。另外，集合上没有任何关系，也就省去了维护关系的有关操作。集合只关注数学意义上的并、交、差等操作，使得集合的这些操作的效率更高。因此，如果程序里只是需要数学意义的集合，就选用 set 类的实例。

　　注意：散列二字不是指数据之间的关系，而是形容存储形式的特点（使用 hash() 映射确定存储位置）。数据结构的逻辑结构分类是：线性结构、树状结构，图和集合（见第 1 章）。集合里的元素除了同属一个集合，元素之间再无其他任何关系。

1. 创建一个空集

使用不带参数的构造方法创建一个空集，例如：

```
s = set()
```

然后空集就可以使用 add() 方法向该集合添加元素，例如：

```
s.add(3)
s.add(1)
s.add(2);
```

　　注意：集合中不允许有大小相同的两个数据，如果已有元素中的数据是 value，那么 s.add(value) 不会成功。

2. 集合初始化

使用花括号初始化集合，例如：

```
s = {1, 2, 3, 4, 5}
```

花括号里必须有数据，否则初始化的是一个空字典，不是空集。

3. 使用列表创建集合

用列表中的值作为集合中元素的值创建一个集合，例如：

```
s = set([3, 1, 4, 1, 5, 9, 2, 6, 5, 3, 5]);
```

4. 使用已有集合创建集合

可以用已有集合创建一个集合，例如：

```
s1 = {1, 2, 3}
s2 = set(s1)
```

s2 的元素值和 s1 的相同。如果 s2 修改了元素值，不会影响 s1 的元素值；如果 s1 修改了元素值，也不会影响 s2 的元素值。

10.3 集合的基本操作

集合的添加(add())、删除(discard()、remove())、查找(value in set)元素的方法的时间复杂度都是 $O(1)$，因此集合适合于不考虑数据之间的关系，只需要快速查找、删除、添加数据的应用问题。

(1) add(value)：向集合添加一个值是 value 的元素。

(2) update(value_1, value_2, …, value_n)：向集合添加多个元素。

(3) discard(value)：从集合中删除值是 value 的元素，如果元素不存在不会抛出异常。

(4) remove(value)：从集合中移除值是 value 的元素，如果元素不存在则会抛出 KeyError 异常。

(5) clear()：清空集合中的所有元素。

(6) copy()：返回集合的浅拷贝。

(7) pop()：随机移除并返回集合中的某个元素(无法预测删除的是哪个元素)。

(8) isdisjoint(other)：判断当前集合与另一个集合是否不相交。

(9) issubset(other)：判断当前集合是否为另一个集合的子集。

(10) issuperset(other)：判断集合是否为另一个集合的超集。

(11) intersection(other)：返回当前集合与另一个集合的交集。

(12) union(other)：返回当前集合与另一个集合的并集。

(13) difference(other)：返回当前集合与另一个集合的差集。

(14) symmetric_difference(other)：返回当前集合与另一个集合的对称差集。

本例 ch10_1.py 计算了 $A \cup B, A \cap B, (A-B) \cup (B-A)$，运行效果如图 10.1 所示。

```
集合A:
1 2 3 4 5 6
集合B:
5 6 7 8 9
A与B的并集: {1, 2, 3, 4, 5, 6, 7, 8, 9}
A与B的交集: {5, 6}
集合A与集合B的差集: {1, 2, 3, 4}
A和B的对称差集: {1, 2, 3, 4, 7, 8, 9}
```

例 10-1 集合的基本运算。

图 10.1 集合的基本操作

ch10_1.py

```
A = {1, 2, 3, 4, 5, 6}
B = {5, 6, 7, 8, 9}
print("集合 A:")
for elem in A:
    print(elem, end = " ")
print("\n 集合 B:")
for elem in B:
    print(elem, end = " ")
print()
union_set = A.union(B)                                      ♯求并集
print("A 与 B 的并集:", union_set)
intersection_set = A.intersection(B)                        ♯求交集
print("A 与 B 的交集:", intersection_set)
difference_set = A.difference(B)                            ♯求差集
print("集合 A 与集合 B 的差集:", difference_set)
symmetric_difference_set = A.symmetric_difference(B)        ♯求对称差集
print("A 和 B 的对称差集:", symmetric_difference_set)
```

例 10-2 处理重复的数据。

有时候我们需要处理重复的数据,即让重复的数据只保留一个。在某些场景下,数据重复属于冗余问题。冗余可能给具体的实际问题带来危害,比如在撰写一篇文章时,用编辑器同时打开了一个文档多次,那么有时候就会引起混乱。所以应该只打开文档一次,以免在修改、保存文档时发生数据处理不一致的情况。集合中不允许有重复的数据,即不允许有两个元素有相同的值,因此可以将一组数据放入集合中,那么集合中的数据就是去掉重复后的数据(重复的数据只保留一个)。

本例 ch10_2.py 中使用集合去掉列表中重复的数据,运行效果如图 10.2 所示。

```
[1, 2, 3, 4, 5, 6]
['how', 'welcome', 'are', 'you']
```

图 10.2 处理重复数据

ch10_2.py

```
def remove_duplicates(input_list):
    return list(set(input_list))
original_list = [1, 2, 3, 3, 4, 5, 5, 6, 3, 5, 1]
new_list = remove_duplicates(original_list)
print(new_list)
original_list = ["how","are" ,"you","you","are","welcome"]
new_list = remove_duplicates(original_list)
print(new_list)
```

10.4 集合与数据过滤

使用集合过滤数据就是计算集合的差集,例如 $A-B$ 就是从集合 A 中去除属于 B 的元素。

集合的查询、删除和添加元素的时间复杂度都是 $O(1)$,因此使用集合来过滤数据的效率很高。

例 10-3 使用集合过滤数据。

本例 ch10_3.py 使用集合过滤数据,程序运行效果如图 10.3 所示。

```
集合A:
1 2 3 4 5 6 7 8 9 10 11 12 13 14 15 16 17 18 19 20 21 22 23 24 25 26 27 28 29 30 31 32 33 34
35 36 37 38 39 40 41 42 43 44 45 46 47 48 49 50 51 52 53 54 55 56 57 58 59 60 61 62 63 64 65
66 67 68 69 70 71 72 73 74 75 76 77 78 79 80 81 82 83 84 85 86 87 88 89 90 91 92 93 94 95 96
97 98 99 100
集合A过滤掉偶数后:
1 3 5 7 9 11 13 15 17 19 21 23 25 27 29 31 33 35 37 39 41 43 45 47 49 51 53 55 57 59 61 63 65
67 69 71 73 75 77 79 81 83 85 87 89 91 93 95 97 99
```

图 10.3 使用集合过滤数据

ch10_3.py

```
A = set()              #集合 A
filter_set = set()
for i in range(1, 101):
    A.add(i)
print("集合 A:")
for elem in A:
    print(elem, end = " ")
for i in range(2, 101, 2):
    filter_set.add(i)
A -= filter_set        #使用 filter_set 过滤 A 中的数据
print("\n 集合 A 过滤掉偶数后:")
for elem in A:
    print(elem, end = " ")
print()
```

10.5 集合与获得随机数

第 5 章的例 5-3 使用列表获得 n 个互不相同的随机数。列表添加、删除元素的时间复杂度是 $O(n)$；集合添加、删除元素的时间复杂度是 $O(1)$，因此如果不需要随机数之间形成某种关系，使用集合得到 n 个互不相同的随机数的效率更高。

例 10-4 使用集合获得不同随机数。

本例 ch10_4.py 使用 get_random(number, n) 函数获得 1~number 的 n 个不同的随机数，运行效果如图 10.4 所示。

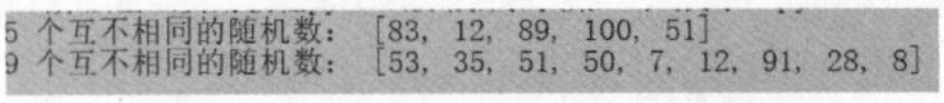

```
5 个互不相同的随机数： [83, 12, 89, 100, 51]
9 个互不相同的随机数： [53, 35, 51, 50, 7, 12, 91, 28, 8]
```

图 10.4 使用集合获得不同随机数

ch10_4.py

```python
import random
def get_random(number, n):
    if number <= 0 or n <= 0:
        raise ValueError("数字不是正整数")
    result = []                                    # 存放得到的随机数
    s = set(range(1, number + 1))                  # 初始化包含 1~number 的集合
    for _ in range(n):
        rand_num = random.choice(list(s))          # 从集合中随机选择一个数
        result.append(rand_num)                    # 将随机选择的数添加到列表中
        s.remove(rand_num)                         # 从集合中删除已经选择的数
    return result                                  # 返回的列表的每个元素是一个随机数
number = 100
n = 5
random_numbers = get_random(number, n)
print(n, "个互不相同的随机数:", random_numbers)
n = 9
random_numbers = get_random(number, n)
print(n, "个互不相同的随机数:", random_numbers)
```

10.6 集合与对象

如果要将自定义类的对象作为集合的元素，那么类需要重载哈希函数（重载哈希函数的原则可参见 9.6 节）。如果不重载哈希函数，就无法判断该类的对象是否在集合中，即会导致下列逻辑代码出现错误：

```
if 对象 in 集合
```

例 10-5 集合的元素是对象。

本例的 ch10_5.py 在 Student 类重载了哈希函数，其实例作为集合的元素，运行效果如图 10.5 所示。

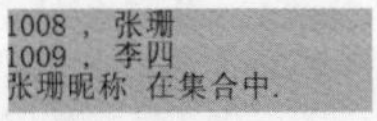

```
1008 , 张珊
1009 , 李四
张珊昵称 在集合中。
```

图 10.5 集合的元素是对象

ch10_5.py

```python
class Student:
    def __init__(self, name, id):
        self.name = name
        self.id = id
```

```python
    def __eq__(self, other):
        return self.id == other.id
    def __hash__(self):                  #重载哈希函数
        return hash(self.id)
student_set = set()
student_set.add(Student("张珊", 1008))
student_set.add(Student("李四", 1009))
for student in student_set:
    print(student.id, ",", student.name)
stu = Student("张珊昵称", 1008)
if stu in student_set:
    print(stu.name,"在集合中.")
else:
    print(stu.name,"不在集合中.")
```

例 10-6 统计不相同的单词以及出现的次数。

集合不允许有相同的元素,因此使用集合容易统计单词的数目以及单词出现的次数。本例 ch10_6.py 的 Word 类重载了哈希函数,其目的是将 Word 类的对象作为集合的元素来统计单词及其出现的次数,运行效果如图 10.6 所示。

```
共有 8 个单词
this 出现 1 次 | every 出现 1 次 | like 出现 1 次 | people 出现 1 次 | reads 出现 1 次 |
This 出现 1 次 | dayMany 出现 1 次 | girl 出现 2 次 |
```

图 10.6 统计不同的单词数量和出现的次数

ch10_6.py

```python
import re                             #正则表达式模块
class Word:
    def __init__(self, name, count):
        self.name = name
        self.count = count
    def __eq__(self, other):
        return self.name == other.name
    def __hash__(self):
        return hash(self.name)
text = "This girl reads every day.Many people like this girl. "
text = re.sub(r'[^a-zA-Z\s]', '', text)           #把非字母替换为空格
word_set = set()                                   #存放单词的集合
for word in text.split():
    word_obj = Word(word, 0)
    if word_obj in word_set:
        existing_word = next(w for w in word_set if w == word_obj)
        existing_word.count += 1
    else:
        word_obj.count = 1
        word_set.add(word_obj)
print("共有", len(word_set), "个单词")
for word_obj in word_set:
    print(word_obj.name, "出现", word_obj.count, "次", end = " | ")
```

习题 10

第 11 章　链表

本章主要内容
- 链表的特点；
- 单链表；
- 双链表；
- 链式栈。

第 4 章学习的数组、第 5 章学习的列表都是顺序表，即节点的物理地址是依次相邻的，顺序表擅长查找操作，按索引查找的时间复杂度是 $O(1)$，不擅长删除和插入操作，其时间复杂度都是 $O(n)$。当需要动态地减少或增加数据项时，也可以使用链表这种数据结构，即节点的物理地址不必是依次相邻的。

11.1　链表的特点

链表是由若干个节点组成的，这些节点形成的逻辑结构是线性结构，节点的存储结构是链式存储，即节点的物理地址不必是依次相邻的。对于单链表，每个节点含有一个数据，并含有下一个节点的地址。对于双链表，每个节点含有一个数据，并含有上一个节点的地址和下一个节点的地址，图 11.1 示意的是有 5 个节点的双链表（省略了上一个节点的地址箭头）。注意，链表的节点序号是从 0 开始，每个节点的序号等于它前面的节点的个数。

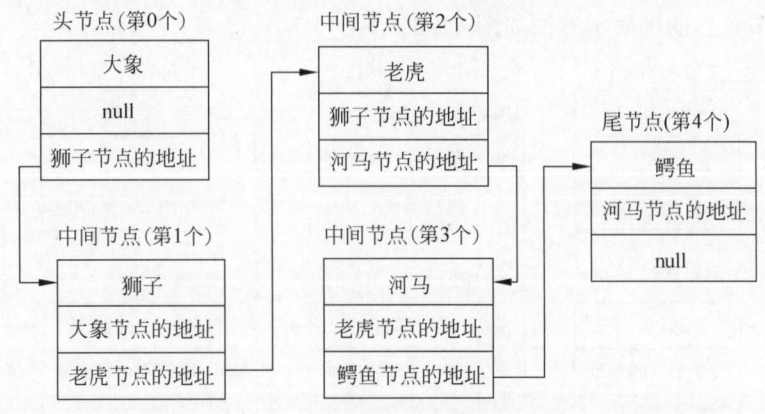

图 11.1　双链表示意图

链表中节点的物理地址不必是相邻的，因此链表的优点是不需要占用一块连续的内存空间。

1. 删除头、尾节点的复杂度 $O(1)$

双链表中始终保存着头、尾节点的地址，因此删除头、尾节点的时间复杂度是 $O(1)$。

删除头、尾节点后，新链表中的节点序号按新的链表长度从 0 开始排列。

例如,要删除图 11.1 所示的链表的头节点(大象节点),根据双链表保存的头节点的地址,找到头节点,然后,找到头节点的下一个节点(狮子节点),将该节点中存储的上一个节点设置成 null,即该节点(狮子节点)变成头节点。删除头节点后的链表如图 11.2 所示。

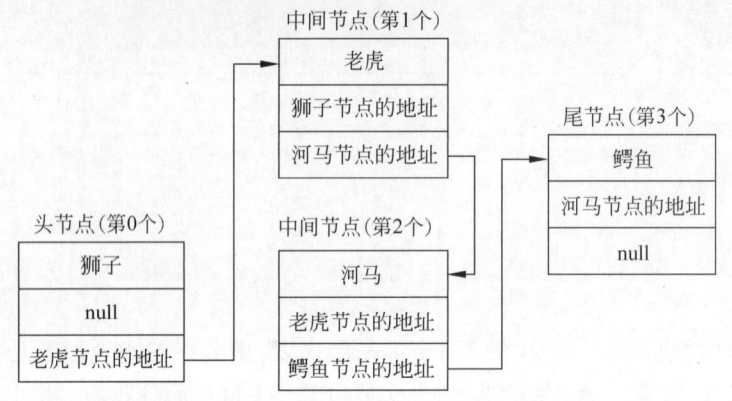

图 11.2　删除头节点(大象节点)后的链表

2. 查询头、尾节点的复杂度 $O(1)$

双链表中始终保存着头、尾节点的地址,因此查询头、尾节点的时间复杂度是 $O(1)$。

3. 添加头尾节点的复杂度 $O(1)$

双链表中始终保存着头尾节点的地址,因此添加头、尾节点的时间复杂度是 $O(1)$。

添加头或尾节点后,新链表中的节点序号按新的链表长度从 0 开始重新排列。

例如,要给图 11.1 所示的链表添加新的尾节点(企鹅节点),根据双链表保存的尾节点的地址,找到尾节点(鳄鱼节点),将这个尾节点中的下一个节点的地址设置成新添加的节点(企鹅节点)的地址,将添加的新节点(企鹅节点)中的上一个节点的地址设置成鳄鱼节点的地址,将添加的新节点(企鹅节点)中的下一个节点的地址设置成 null,即让新添加的节点成为尾节点。添加新尾节点后的链表示意图如图 11.3 所示。

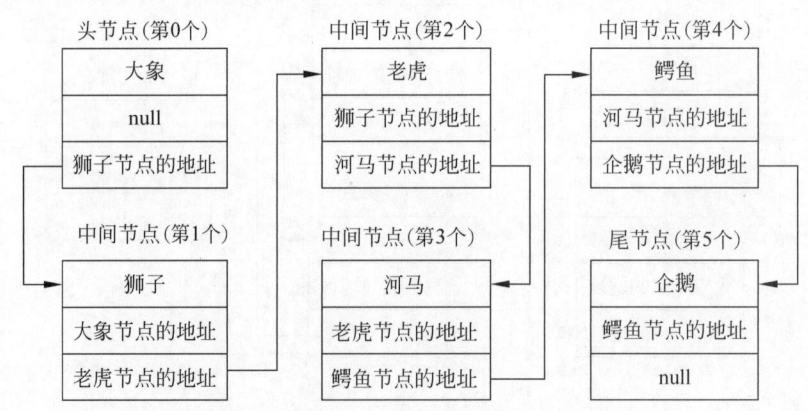

图 11.3　添加新尾节点(企鹅节点)后的链表

4. 查询中间节点的时间复杂度 $O(n)$

链表的节点的物理地址不是相邻的,节点通过互相保存地址链接在一起。对于双链表,如果节点的索引 i 小于或等于链表的长度 n 的一半,那么就从头节点开始,依据每个节点中的下一节点的地址,依次向后查找节点,并通过计数的函数查找到第 i 节点,如果节点的索引 i 大

于链表的长度 n 的一半，那么就从尾结点开始，依据每个节点中的上一节点的地址，依次向前查找节点，并通过倒计数的函数查找到第 i 节点。因此，查询中间节点的平均时间复杂度是 $O(n)$，平均时间复杂度是 $O(n)$，一般就认为时间复杂度是 $O(n)$。

5. 删除中间节点的复杂度 $O(n)$

查找到第 i 节点，然后删除该节点：将第 $i-1$ 节点中的下一个节点的地址设置成第 $i+1$ 节点的地址，将第 $i+1$ 节点中的上一个节点的地址设置成第 $i-1$ 节点的地址。由于链表查询中间节点的平均时间复杂度是 $O(n)$。因此，删除中间节点的时间复杂度是 $O(n)$。

删除节点后，新链表中的节点序号按新的链表长度从 0 开始排列。

例如，要在如图 11.1 的链表中删除第 2 个节点（老虎节点），那么就要从头节点（大象节点）找到第 1 个节点（狮子节点），计数为 1，然后再从狮子节点找到第 2 个节点（老虎节点），计数为 2，然后将第 1 个节点（狮子节点）中的下一个节点的地址改成第 3 个节点（河马节点）的地址，将第 3 个节点（河马节点）中的上一个节点的地址改成第 1 个节点（狮子节点）的地址，至此完成了删除第 2 个节点（老虎节点）的操作。删除第 2 个节点（老虎节点）后的链表如图 11.4 所示。

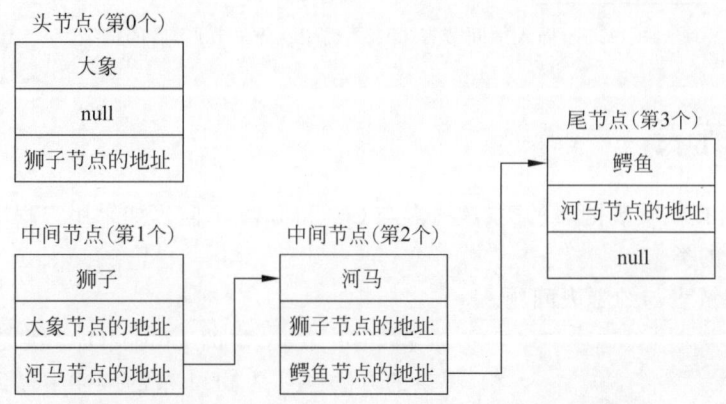

图 11.4　删除中间节点（第 2 个节点：老虎节点）后的链表

6. 插入中间节点的复杂度 $O(n)$

要在链表中插入新的第 i 节点（i 大于 0 小于链表的长度），首先要找到第 i 个节点，然后在第 i 节点的前面插入新的第 i 节点：将第 $i-1$ 节点中下一个节点的地址设置成新的第 i 节点的地址，将新的第 i 节点中的上一个节点的地址设置成第 $i-1$ 节点的地址，下一个节点的地址设置成原第 i 节点的地址，原第 i 节点中上一个节点设置成新的第 i 节点的地址。由于链表查询中间节点的平均时间复杂度是 $O(n)$。因此插入中间节点的时间复杂度是 $O(n)$。

插入新节点后，新链表中的节点序号按新的链表长度从 0 开始排列。

例如，要在如图 5.1 的链表中插入新的第 2 个节点（羚羊节点），就要从头节点（大象节点）找到第 1 个节点（狮子节点），计数为 1，然后再从狮子节点找到原第 2 个节点（老虎节点），计数为 2，然后将第 1 个节点（狮子节点）中的下一个节点的地址改成新的第 2 个节点（羚羊节点）的地址，将新的第 2 个节点（羚羊节点）中上一个节点的地址设置为第 1 个节点（狮子节点）的地址，将原第 2 个节点（老虎节点）中上一个节点的地址设置为新的第 2 个节点（羚羊节点）的地址，插入新的第 2 个节点（羚羊节点）后的链表如图 11.5 所示。

图 11.5 插入中间节点(第 2 个节点:羚羊节点)后的链表

11.2 单链表

Python 没有提供实现链表的类(这一点与 C++ 和 Java 不同),如果用户程序需要链表就需要编写创建链表的类。

例 11-1 单链表与约瑟夫问题。

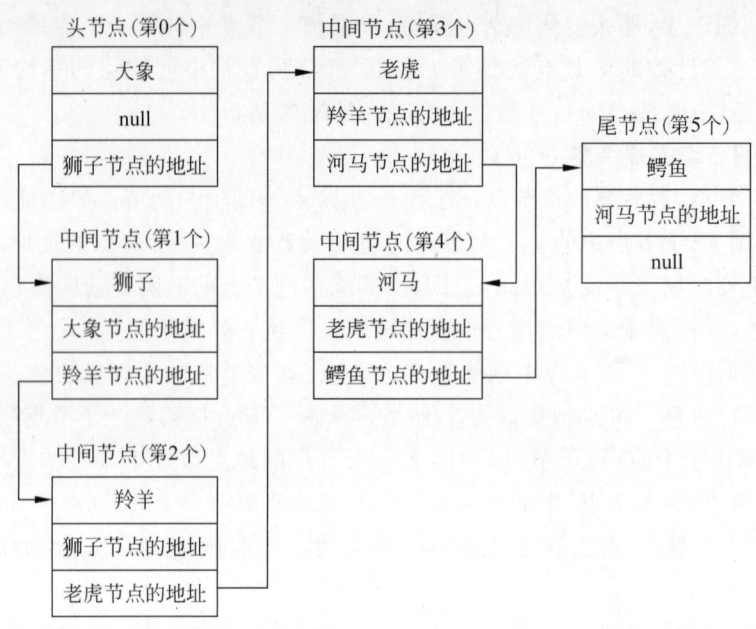

图 11.6 单链表与约瑟夫问题

本节 ch11_1.py 中的 LinkedData 类是单链表数据结构,提供的方法也只是 11.1 节的叙述中提到的最基本的操作,例如添加头节点、删除头节点、返回头节点中的数据等,其时间复杂度都是 $O(1)$。但特点是 LinkedData 类有一个旋转链表的方法,本例用该 LinkedData 类提供的此方法可以很容易地解决约瑟夫问题,本例同时比较了列表删除头元素(时间复杂度是 $O(n)$)和链表删除头节点(时间复杂度是 $O(1)$)的耗时,运行效果如图 11.6 所示。

ch11_1.py

```
import time
class Node:
    def __init__(self, data):
        self.data = data
        self.next = None
class LinkedData:
    def __init__(self):
        self.head = None
        self.list_size = 0
    def getHead(self):
        if self.head is None:
            print("无法从空链表得到数据")
```

```python
                return -1
            else:
                return self.head.data
    def addNode(self, data):
        new_node = Node(data)
        new_node.next = self.head
        self.head = new_node
        self.list_size += 1
    def size(self):
        return self.list_size
    def deleteHead(self):
        if self.head is None:
            print("无法从空链表删除节点")
            return -1
        temp = self.head
        deleted_data = temp.data
        self.head = self.head.next
        del temp
        self.list_size -= 1
        return deleted_data
    def rotate(self):
        if self.head is None or self.head.next is None:
            return
        current = self.head
        while current.next is not None:
            current = current.next
        current.next = self.head
        self.head = self.head.next
        current.next.next = None
    def printList(self):
        current = self.head
        while current is not None:
            print(current.data, end=" ")
            current = current.next
        print()
N = 9999999
list_data = LinkedData()                    #单链表
list_data.addNode(100)
list_data.addNode(50)
list_data.addNode(10)
print("当前链表: ", end="")
list_data.printList()
deleted_data = list_data.deleteHead()
print("删除头节点: ", deleted_data)
print("当前链表: ", end="")
list_data.printList()
people = LinkedData()                       #约瑟夫问题中的单链表
number = 11
for i in range(number, 0, -1):
    people.addNode(i)
while people.size() > 1:
    people.rotate()
    people.rotate()
    m = people.deleteHead()
    print("号码", m, "退出圈.")
print("号码", people.getHead(), "是剩下的最后一个人.")
list_int = list(range(1, N+1))              #比较耗时的列表
linked_list = LinkedData()                  #比较耗时的单链表
for i in range(1, N+1):
    linked_list.addNode(i)
```

```
start_time = time.time()
linked_list.deleteHead()
end_time = time.time()  # 单链表删除头节点的耗时
print(f"删除链表头元素的耗时:{((end_time - start_time) * 1000):.3f} 毫秒")
start_time = time.time()
list_int.pop(0)
end_time = time.time()  # 列表删除头元素的耗时
print(f"删除列表头元素的耗时:{((end_time - start_time) * 1000):.3f} 毫秒")
```

11.3 双链表

双链表的每个节点含有一个数据,并含有上一个节点的地址和下一个节点的地址,比单链表有更高的效率。例如按索引查询节点时,双链表的效率是单链表的 2 倍。Python 的 collections 模块中的 deque 类(见第 7 章的 7.2 节)是基于双链表的双端队列,可以在队列的两端进行高效的插入和删除操作。

```
链表大小: 8
[ 10 11 12 13 14 15 16 17 ]
头节点: 10 ,尾节点: 17.
第 6 个节点中的数据: 16
删除头节点: 10 ,删除尾节点: 17.
链表大小: 6
[ 11 12 13 14 15 16 ]
插入第 3 个节点 999 : True
链表大小: 7
[ 11 12 13 999 14 15 16 ]
插入第 1 个节点 888 : True
链表大小: 8
[ 11 888 12 13 999 14 15 16 ]
删除第 5 个节点: 14
链表大小: 7
[ 11 888 12 13 999 15 16 ]
链表包含 888 : True
链表包含 14 : False
球队成绩: [ 10 20 30 40 50 60 70 80 90 ]
比赛球队: 10 和 90
球队成绩: [ 20 30 40 50 60 70 80 ]
比赛球队: 20 和 80
球队成绩: [ 30 40 50 60 70 ]
比赛球队: 30 和 70
球队成绩: [ 40 50 60 ]
比赛球队: 40 和 60
轮空球队是: 50
```

图 11.7 双链表与淘汰赛

例 11-2 双链表与淘汰赛。

本例的 DoubleLinkedData 类是双链表数据结构,提供了比 11.2 节的 LinkedData 单链表类更多的方法。双链表获得头节点和尾节点中的数据的时间复杂度都是 $O(1)$,双链表删除头节点和尾节点的时间复杂度都是 $O(1)$。对于某些问题,可以利用链表的这一特点快速地处理数据。比如,若干个球队要进行淘汰赛,但不采用抽签的办法,而是按成绩高低将球队存放在一个链表中。比赛过程是让头节点和尾节点进行淘汰赛(删除头节点和尾节点),重复这个过程,直到链表的长度是 0(如果剩下 1 个队,相当于该轮空、自动晋级),运行效果如图 11.7 所示。

ch11_2.py

```python
class Node:
    def __init__(self, number):
        self.data = number
        self.previous = None
        self.next = None
class DoubleLinkedList:
    def __init__(self):
        self.size = 0
        self.head = None
        self.tail = None
    def addFirst(self, m):
        node = Node(m)
        if self.head is not None:
            node.next = self.head
            self.head.previous = node
            self.head = node
        else:
            self.head = node
            self.tail = node
```

```python
        self.size += 1
    def addLast(self, m):
        node = Node(m)
        if self.tail is not None:
            node.previous = self.tail
            self.tail.next = node
            self.tail = node
        else:
            self.head = node
            self.tail = node
        self.size += 1
    def getFirst(self):
        if self.head is not None:
            return self.head.data
        else:
            return None
    def removeFirst(self):
        data = None
        if self.head is not None:
            data = self.head.data
            self.head = self.head.next
            if self.head is not None:
                self.head.previous = None
            self.size -= 1
        return data
    def removeLast(self):
        data = None
        if self.tail is not None:
            data = self.tail.data
            self.tail = self.tail.previous
            if self.tail is not None:
                self.tail.next = None
            self.size -= 1
        return data
    def getLast(self):
        if self.tail is not None:
            return self.tail.data
        else:
            return None
    def get(self, index):
        if index < 0 or index > self.size - 1:
            raise IndexError("下标越界")
        if index == 0:
            return self.head.data
        if index == self.size - 1:
            return self.tail.data
        node = None
        if index <= self.size // 2:
            node = self.head
            for _ in range(index):
                node = node.next
        else:
            node = self.tail
            for _ in range(self.size - 1, index, -1):
                node = node.previous
        return node.data
    def add(self, index, m):
        if index == 0:
            self.addFirst(m)
            return True
```

```python
            if index == self.size - 1:
                self.addLast(m)
                return True
            if index < 0 or index > self.size - 1:
                raise IndexError("下标越界")
            node = self.head
            for _ in range(index - 1):
                node = node.next
            new_node = Node(m)
            new_node.previous = node
            new_node.next = node.next
            if node.next is not None:
                node.next.previous = new_node
            node.next = new_node
            self.size += 1
            return True
        def remove(self, index):
            if index == 0:
                return self.removeFirst()
            if index == self.size - 1:
                return self.removeLast()
            if index < 0 or index > self.size - 1:
                raise IndexError("下标越界")
            node = None
            if index <= self.size // 2:
                node = self.head
                for _ in range(index - 1):
                    node = node.next
            else:
                node = self.tail
                for _ in range(self.size - 1, index, -1):
                    node = node.previous
            node.previous.next = node.next
            node.next.previous = node.previous
            self.size -= 1
            return node.data
        def getSize(self):
            return self.size
        def isEmpty(self):
            return self.size == 0
        def contains(self, m):
            if self.head is None or self.tail is None:
                return False
            if self.head.data == m or self.tail.data == m:
                return True
            node = self.head
            for _ in range(self.size - 1):
                if node.data == m:
                    return True
                node = node.next
            return False
        def rotate(self):
            temp = self.head.data
            node = self.head
            for _ in range(self.size - 1):
                node.data = node.next.data
                node = node.next
            self.tail.data = temp
        def __str__(self):
            node = self.head
```

```python
            result = "[ "
            result += str(node.data) + " "
            for _ in range(self.size - 1):
                node = node.next
                result += str(node.data) + " "
            result += "]"
            return result
    def eliminate(self):
        while self.size > 1:
            print("球队成绩:", self)
            print("比赛球队:", self.getFirst(), "和", self.getLast())
            self.removeFirst()
            self.removeLast()
        if self.size == 1:
            print("轮空球队是:", self.getFirst())
        else:
            print("没有球队参赛")
# 双链表的方法测试代码
list_team_data = DoubleLinkedList()
list_team_data.addFirst(13)
list_team_data.addFirst(12)
list_team_data.addFirst(11)
list_team_data.addFirst(10)
list_team_data.addLast(14)
list_team_data.addLast(15)
list_team_data.addLast(16)
list_team_data.addLast(17)
print("链表大小:", list_team_data.getSize(), "\n", list_team_data)
print("头节点:", list_team_data.getFirst(),
      f",尾节点:", list_team_data.getLast(), ".")
index = 6 # 下标索引从 0 开始
print("第", index, "个节点中的数据:", list_team_data.get(index))
print("删除头节点:", list_team_data.removeFirst(),
      f",删除尾节点:", list_team_data.removeLast(), ".")
print("链表大小:", list_team_data.getSize(), "\n", list_team_data)
index = 3
number = 999
print("插入第", index, "个节点", number,
      f":", list_team_data.add(index, number))
print("链表大小:", list_team_data.getSize(), "\n", list_team_data)
index = 1
number = 888
print("插入第", index, "个节点", number,
      f":", list_team_data.add(index, number))
print("链表大小:", list_team_data.getSize(), "\n", list_team_data)
index = 5
print("删除第", index, "个节点:", list_team_data.remove(index), ".")
print("链表大小:", list_team_data.getSize(), "\n", list_team_data)
number = 888
print("链表包含", number, ":", list_team_data.contains(number))
number = 14
print("链表包含", number, ":", list_team_data.contains(number))
# 淘汰赛测试代码
list_team = DoubleLinkedList()
list_team.addFirst(90)
list_team.addFirst(80)
list_team.addFirst(70)
list_team.addFirst(60)
list_team.addFirst(50)
list_team.addFirst(40)
```

```
list_team.addFirst(30)
list_team.addFirst(20)
list_team.addFirst(10)
list_team.eliminate()
```

11.4 链式栈

我们曾在第 6 章用列表模拟了栈这种数据结构,列表是顺序表,那么有可能使得压栈的时间复杂度是 $O(n)$(有关顺序表的特点见 4.1 节)。本节给出的链式栈确保弹栈、压栈的时间复杂度都是 $O(1)$。

例 11-3 链式栈与回文串。

本例 ch11_3.py 中的 LinkedStack 类是链式的栈,ch11_3.py 使用 LinkedStack 类的实例判断字符串是否是回文串(相似例子见第 7 章的例 7-2),运行效果如图 11.8 所示。

```
rotator是回文串吗? True
java是回文串吗? False
```

图 11.8 链式栈与回文串

ch11_3.py

```python
class Node:
    def __init__(self, data):
        self.data = data
        self.next = None
class LinkedStack:
    def __init__(self):
        self.tail = None
        self.list_size = 0
    def peek(self):                    #查看栈顶元素的值
        if self.tail is None:
            print("无法从空栈得到数据")
            return -1
        else:
            return self.tail.data
    def push(self, data):              #进栈
        new_node = Node(data)
        new_node.next = self.tail
        self.tail = new_node
        self.list_size += 1
    def size(self):                    #获取栈的长度
        return self.list_size
    def empty(self):                   #判断栈是否是空栈
        return self.list_size == 0
    def pop(self):                     #出栈
        if self.tail is None:
            print("无法从空栈删除节点")
            return -1
        temp = self.tail
        deleted_data = temp.data
        self.tail = self.tail.next
        del temp
        self.list_size -= 1
        return deleted_data
    def __eq__(self, other):           #重写相等方法,判断两个栈是否相同
        if self.size() != other.size():
            return False
        node1 = self.tail
        node2 = other.tail
```

```
            while node1 is not None:
                if node1.data != node2.data:
                    return False
                node1 = node1.next
                node2 = node2.next
            return True
    def is_palindrome(input_string):              #使用栈判断回文串
        stack1 = LinkedStack()
        stack2 = LinkedStack()
        for char in input_string:
            stack1.push(char)
        size = stack1.size()
        for _ in range(size // 2):
            stack2.push(stack1.pop())
        if size % 2 != 0:
            stack1.pop()                          #忽略中间字符
        return stack1 == stack2
    str = "rotator"
    print(f"{str}是回文串吗?{is_palindrome(str)}")
    str = "java"
    print(f"{str}是回文串吗?{is_palindrome(str)}")
```

习题 11

扫一扫

习题

扫一扫

自测题

第 12 章　Python的实用算法

本章主要内容

- Lambda 表达式；
- 动态遍历；
- 计算代数和与平均值；
- 统计次数与计算最大、最小值；
- 反转；
- 累积计算；
- 装饰函数；
- 函数缓存；
- 偏函数；
- 过滤数据；
- 映射数据；
- 缝合数据；
- 快速选择函数；
- 索引排序函数；
- 依次排序函数；
- NumPy 实用函数集锦。

Python 的特色之一就是有许多内置的算法，本章结合实用问题讲解常用的内置算法和第三方提供的 NumPy 模块的部分函数。

12.1　Lambda 表达式

前面章节中的一些例子中已经使用过 Lambda 表达式，以下详细讲解 Lambda 表达式，以满足本章的需要。

Lambda 表达式是一个匿名函数。下列 add() 函数是一个通常的函数：

```
def add(a, b):
    return a + b
```

Lambda 表达式是一个匿名函数，用 Lambda 表达式表达同样功能的匿名函数是：

```
lambda a, b: a + b
```

Lambda 表达式就是只写参数列表和返回值（参数列表前面是 Lambda）：

```
Lambda 参数列表 返回值或输出值
```

Lambda 表达式的值就是函数的地址，不要混淆 Lambda 表达式的返回值和其匿名函数的地址。

Lambda 表达式的参数类型是动态的，不需要指定参数类型。Lambda 表达式也可以引用外部变量，例如：

```
x = 10
y = 30
result = (lambda a, b: a + b + x + y)(5, 5)
print(result)          ♯输出 50
```

在 Python 中可以直接将 Lambda 赋值给变量，例如：

```
func = lambda a, b: a + b
n = func(2, 3)
print(n)                        ♯输出 5
print((lambda a, b: a + b)(2,3))   ♯输出 5
```

Lambda 表达式也可以没有返回值，而仅仅有输出值，例如：

```
f = lambda x:print(x)
f(12)  ♯输出 12
```

可以向 Python 的内置 sorted()函数传递 Lambda 表达式，实现动态排序，例如：

```
arr = [-21, 10, -18, 12, 65, 67, 8]
sorted_arr = sorted(arr, key = lambda x: x * x)
print(sorted_arr)  ♯ 输出：[8, 10, -18, 12, -21, 65, 67].
```

上述示例代码中，Lambda 表达式 key＝lambda x：x * x 作为参数传递给 sorted()函数实现按平方大小对列表进行排序。

12.2 动态遍历

在遍历某种数据结构中的元素时，可以将元素传递给一个函数的参数实现动态遍历。

例 12-1 动态遍历输出整数的二进制。

本例 ch12-1.py 中使用动态遍历整数列表、输出整数对应的二进制、八进制和十六进制，运行效果如图 12.1 所示。

```
7 的二进制表示： 00000111 | 13 的二进制表示： 00001101 | 21 的二进制表示： 00010101
7 的八进制表示： 7 | 13 的八进制表示： 15 | 21 的八进制表示： 25
7 的十六进制表示： 0x7 | 13 的十六进制表示： 0xd | 21 的十六进制表示： 0x15
```

图 12.1　动态遍历输出二进制、八进制和十六进制

ch12_1.py

```python
import math
def func(elm):                    ♯至少8位二进制表示
    binary = bin(elm)[2:].zfill(8)
    print(elm, "的二进制表示:", binary, "|", end = " ")
def octal_func(elm):              ♯八进制表示
    octal_num = oct(elm)[2:]      ♯八进制、去掉前缀"0o"
    print(elm, "的八进制表示:", octal_num, "|", end = " ")
def hex_func(elm):                ♯十六进制
    hex_num = hex(elm)[0:]        ♯十六进制、保留前缀"0x"
    print(elm, "的十六进制表示:", hex_num, "|", end = " ")
int_list = [7, 13, 21]            ♯列表
for item in int_list:
    func(item)                    ♯对列表应用函数
print()
for item in int_list:
    octal_func(item)
print()
for item in int_list:
    hex_func(item)
print()
```

12.3 计算代数和与平均值

Python 提供的内置函数 sum(iterable) 可以计算一个可迭代的数据结构 iterative 中的元素的代数和(元素必须可以求代数和)，len(iterable) 返回可迭代的数据结构 iterable 中元素的个数。在使用 sum() 函数时可以借助 map() 函数和 Lambda 表达式让 sum() 函数实现动态求和。

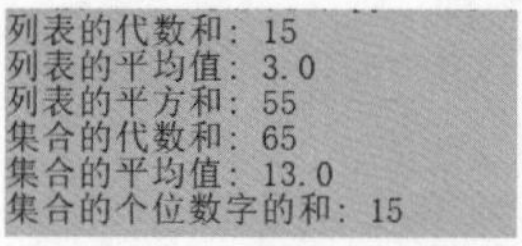

```
列表的代数和： 15
列表的平均值： 3.0
列表的平方和： 55
集合的代数和： 65
集合的平均值： 13.0
集合的个位数字的和： 15
```

图 12.2 求和与平均值

例 12-2 求和与平均值。

本例 ch12_2 使用 sum() 函数计算列表、集合的代数和以及平均值，并借助 map() 函数动态计算列表和集合的代数和，运行效果如图 12.2 所示。

ch12_2.py

```python
#求列表的代数和
numbers = [1, 2, 3, 4, 5]
list_sum = sum(numbers)
print("列表的代数和:", list_sum)
list_aver = list_sum / len(numbers)
print("列表的平均值:", list_aver)
result = sum(map(lambda x: x ** 2, numbers))    #列表元素的平方代数和
print("列表的平方和:", result)
#求集合 set 的代数和
set = {11,12,13,14,15}
set_sum = sum(set)
print("集合的代数和:", set_sum)
set_aver = set_sum /len(set)
print("集合的平均值:", set_aver)
result = sum(map(lambda x: x % 10,set))         #集合元素的个位数字的代数和
print("集合的个位数字的和:", result)
```

12.4 统计次数与计算最大、最小值

Collections 模块中的 Counter 类的实例 Counter(iterable) 中封装了 iterable 中各个元素出现的次数，即 Counter(iterable) 对象封装的是一个字典，其中包含了可迭代对象 iterable 中每个元素的计数。这个字典的键是可迭代对象中的元素，而对应的值是该元素在可迭代对象中出现的次数。例如：

```python
lst = ['a', 'b', 'a', 'c', 'b', 'a']
elem_counter = Counter(lst)
print(elem_counter) #输出:Counter({'a': 3, 'b': 2, 'c': 1})
```

内置 max(iterable) 函数、min(iterable) 函数返回 iterable 中的最大值和最小值；可以向内置函数 max(iterable,key=lambda)、min(iterable,key=lambda) 传递 Lambda 表达式，两者根据 Lambda 表达式的返回值确定 iterable 中的最大、最小值，例如：

```python
list_int = [1200,67,89,121]
max_int = max(list_int)
min_int = min(list_int)
print(max_int)              #输出:1200
print(min_int)              #输出:67
```

```
max_int = max(list_int, key = lambda x: x % 10)    #按个位数大小求最大值
min_int = min(list_int, key = lambda x: x % 10)    #按个位数大小求最小值
print(max_int)                                      #输出:89
print(min_int)                                      #输出:1200
```

例 12-3 统计元素次数与计算最大值、最小值。

本例 ch12_3.py 输出了英文句子中各个单词、字母出现的次数,并输出一组数据中的最大、最小值,运行效果如图 12.3 所示。

```
['he', 'like', 'apple', 'tom', 'like', 'apple', 'too']
he出现1次. | like出现2次. | apple出现2次. | tom出现1次. | too出现1次.
h出现1次. | e出现5次. | l出现4次. | i出现2次. | k出现2次. | a出现2次. | p出现4次. | t出现2次. | o出现3次. | m出现1次.
{1, 3, 100, 5, 6}
最大值: 100
最小值: 1
['go', 'c++', 'python', 'java']
最短的字符串: go
最长的字符串: python
```

图 12.3　统计单词、字母出现的次数与最大、最小值

ch12_3.py

```
import re
from collections import Counter
sentence = "he like apple,tom like apple too"
clean_sentence = re.sub(r'[^a-zA-Z]', ' ', sentence)   #使用正则表达式把非字母替换为空格
word_list = clean_sentence.split()                      #单词放入列表
print(word_list)
elem_counter = Counter(word_list)                       #封装元素的次数
for elem, count in elem_counter.items():
    print(f"{elem}出现{count}次.|", end = " ")
print()
letters_list = re.findall(r'[a-zA-Z]{1}', sentence)     #使用正则表达式把字母放入列表
elem_counter = Counter(letters_list)                    #封装元素的次数
for elem, count in elem_counter.items():
    print(f"{elem}出现{count}次.|", end = " ")
numbers = {1,3,5,6,100}
print(numbers)
print("最大值:",max(numbers))
print("最小值:",min(numbers))
strings = ['go', 'c++', 'python', 'java']
print(strings)
print("最短的字符串:",min(strings, key = lambda s: len(s)))
print("最长的字符串:",max(strings, key = lambda s: len(s)))
```

12.5　反转

在 Python 中,对于 array 数组、列表、字符串等可以用索引访问元素的数据结构,都可以方便地得到其数据的反转,例如列表 list 的反转是 list[::-1]、字符串 text 的反转是 text[::-1]等。

例 12-4 反转与判断回文单词。

本例 ch12_4.py 反转字符串并判断回文单词,运行效果如图 12.4 所示。

```
ABCDEF的反转FEDCBA
racecar是回文单词吗? True
java是回文单词吗? False
[1, 2, 3, 4, 5]的反转:
[5, 4, 3, 2, 1]
```

图 12.4　反转与判断回文单词

ch12_4.py

```
text = "ABCDEF"
reversed_text = text[::-1]        #反转字符串
```

```
print(f"{text}的反转{reversed_text}")
text = "racecar"
is_palindrome = text == text[::-1]
print(f"{text}是回文单词吗?{is_palindrome}")
text = "java"
is_palindrome = text == text[::-1]
print(f"{text}是回文单词吗?{is_palindrome}")
list_int = [1,2,3,4,5]
print(f"{list_int}的反转:");
reversed_list_int = list_int[::-1]
print(reversed_list_int)
```

12.6　累积计算

　　functools 模块的 reduce(lambda x,y: value,list) 函数对列表 list 进行累积计算。其中的 Lambda 表达式必须是两个参数，第一次计算时第 1 个参数取列表的首元素的值，y 取 x 的下一个元素，以后每次计算时 x 取表达式的返回值 value，而第 2 个参数 y 继续取下一个元素的值。如果列表长度为 1，reduce() 函数返回首元素的值（忽略 Lambda 表达式的返回值），如果是空列表，报告 empty iterable 异常。

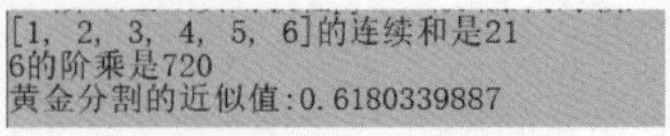

```
[1, 2, 3, 4, 5, 6]的连续和是21
6的阶乘是720
黄金分割的近似值:0.6180339887
```

图 12.5　计算连续和、阶乘与黄金分割

例 12-5　计算连续和、阶乘与黄金分割。

　　本例 ch12_5.py 中使用 reduce() 计算连续和、阶乘和黄金分割(0.618…)的近似值，运行效果如图 12.5 所示。

ch12_5.py

```
from functools import reduce
numbers = [1,2,3,4,5,6]
total_sum = reduce(lambda x,y: x+y, numbers)
print(f"{numbers}的连续和是{total_sum}")
muti = reduce(lambda x,y: x*y, numbers)
print(f"{numbers[5]}的阶乘是{muti}")
N = 999999
int_list = [1] * N
result = reduce(lambda x,y: y/(y+x), int_list)
print(f"黄金分割的近似值:{result:.10f}")
```

　　注意：无限分式 1/1+(1/(1+(1/1+(1/1+…的值是黄金分割数。

12.7　装饰函数

　　wraps() 是 functools 模块中的一个函数，程序使用 wraps() 函数可以装饰其他函数（称被其装饰的函数为被装饰函数），使得 wrapper() 函数的功能成为被装饰函数的功能（简单地说使得二者等同），例如使得 wrapper() 函数的返回值成为被装饰函数的返回值。

　　装饰函数思想是在不改变被装饰函数的代码的前提下改变了被装饰函数的功能。

　　一个 fly() 函数模拟小鸟能飞行 100 米，即 fly() 函数的返回值是 100，经过 wraps() 函数装饰后小鸟可以飞行 150 米，即 fly() 的返回值变成 150（相当于给小鸟装上了一个电子翅膀），示例代码如下：

```
from functools import wraps
import functools
```

```
def decorator(func):                    #装饰函数
    @wraps(func)
    def wrapper( * args, * * kwargs):
        return func( * args, * * kwargs) + 50   #被装饰的函数的返回值多了50
    return wrapper
@decorator                              #装饰fly()函数
def fly():                              #被装饰的函数
    return 100
result = fly()                          #被装饰的函数的返回值已经是wrapper()函数的返回值
print(result)                           #输出150
```

例 12-6 使用装饰给英文单词添加翻译。

english.txt 文本文件的每一行是一个英文单词：

```
apples
bananas
oranges
```

read_english()函数从文本文件中english.txt按行读入单词存放到一个列表中并返回该列表。本例ch12_6.py使用functools的wraps()函数对read_english()函数进行装饰，装饰时读入chinese.txt中的内容：

```
苹果
香蕉
橙子
```

使得read_english()函数返回的列表是下列格式：

```
[[apple 苹果],[bananas,香蕉],[oranges,橙子]
```

运行效果如图12.6所示。

[[['apples', '苹果'], ['bananas', '香蕉'], ['oranges', '橙子']]]

图12.6 使用装饰给英文单词添加翻译

ch12_6.py

```
from functools import wraps
def read(filename):
    word_list = []
    with open(filename, 'r', encoding = 'utf-8') as file:
        for line in file:
            word_list.append(line.strip())
    return word_list
def decorator(func):
    @wraps(func)
    def wrapper( * args, * * kwargs):
        english_words = func( * args, * * kwargs)
        chinese_words = read('chinese.txt')
        combined_list = [[english_words[i], chinese_words[i]]
                         for i in range(min(len(english_words), len(chinese_words)))]
        return combined_list
    return wrapper
@decorator
def read_english(filename):
    word_list = []
    with open(filename, 'r') as file:
        for line in file:
            word_list.append(line.strip())
    return word_list
```

```
result = read_english('english.txt')
print(result)
```

注意：装饰函数的思想来源于 23 个经典设计模式中的装饰模式。

12.8 函数缓存

lru_cache()是 functools 模块中的一个函数,lru_cache()函数作装饰器应用于其他函数上以实现缓存机制。如果源文件中某函数定义的上一行使用"@lru_cache(maxsize=None)",那么该函数被调用时将使用函数缓存技术,即程序运行时会缓存函数的返回值以便在后续调用中避免重复计算函数的返回值。Python 的函数缓存技术可用于优化递归(见第 3 章 3.7 节)。

例 12-7 使用函数缓存计算 Fibonacci 序列。

本例 ch12_7.py 中的 fib(n)函数使用了函数缓存技术；$f(n)$函数没有使用函数缓存技术。ch12_7.py 比较使用函数缓存技术计算 Fibonacci 序列和未使用缓存技术计算 Fibonacci 序列的耗时,效果如图 12.7 所示。

```
使用缓存求第39项63245986的用时是0.0(秒)
没有使用缓存求第39项63245986的用时是7.846883296966553(秒)
```

图 12.7 比较使用函数缓存技术和不使用函数缓存技术的用时

ch12_7.py

```
from functools import lru_cache
import time
@lru_cache(maxsize = None)
def fib(n):        #使用缓存的递归
    if n < 2:
        return n
    return fib(n-1) + fib(n-2)
def f(n):          #未使用缓存的递归
    if n == 1 or n == 2:
        return 1
    else:
        return f(n-1) + f(n-2)
n = 39
start_time = time.time()
result = fib(n)
end_time = time.time()
print(f"使用缓存求第{n}项{result}的用时是{end_time-start_time}(秒)")
start_time = time.time()
result = f(n)
end_time = time.time()
print(f"没有使用缓存求第{n}项{result}的用时是{end_time-start_time}(秒)")
```

注意：读者可以将本例和第 3 章的例 3-13 进行比较,例 3-13 是使用字典缓存函数的返回值(没有使用装饰)更加节省内存,而且第 3 章 3.7 节的办法是通用的(需要用户多写几行代码)。lru_cache 函数要求使用缓存的函数的参数必须是可哈希类型,例如是不可变对象等(如果参数是列表就无法使用 lru_cache 函数进行缓存)。

12.9 偏函数

functools 模块的 partial()函数可以对其他函数进行偏函数操作(思想来源于微积分的偏

导数)，即将其他函数的参数中的某个参数固定得到一个偏函数。

例 12-8 幂函数的偏函数。

本例 ch12_8. py 中的 power(x, y)函数返回 x 的 y 次幂，ch12_8. py 使用 partial()函数得到 power(x, y)的偏函数，运行效果如图 12.8 所示。

```
2 4 8 16 32 64 128 256 512 1024
1 8 27 64 125 216 343 512 729 1000
```

图 12.8 使用偏函数

ch12_8. py

```
from functools import partial
def power(x, y):
    return x ** y
power_y = partial(power,2)          #power_y 偏函数固定 power(x,y)的第一个参数 x 是 2
for y in range(1, 11):
    print(power_y(y), end = " ")    #调用偏函数 power_y(y)
print()
power_x = partial(power, y = 3)     #power_x 偏函数固定 power(x,y)的第二个参数 y 是 3
for x in range(1, 11):
    print(power_x(x), end = " ")    #调用偏函数 power_x
```

12.10 过滤数据

内置函数 filter(Lambda, iterable)可以过滤 iterable 中不满足 Lambda 表达式的元素的值，即 filter(Lambda, iterable)函数返回的是 iterable 中满足 Lambda 表达式的元素的值。可以将 filter()函数返回的元素值放到列表、有序集合或集合中，例如：

```
numbers = [1, 2, 3, 4, 5, 6, 7, 8, 9, 10]
even_numbers = list(filter(lambda x: x % 2 == 0, numbers))
print(even_numbers)   #输出:[2, 4, 6, 8, 10]
```

例 12-9 输出素数。

第 5 章的例 5-5 使用筛选法求素数，本例 ch12_9. py 中使用 filter 函数简化例 5-5 的代码，输出 100 以内的全部素数，运行结果如图 12.9 所示。

```
不超过100的全部素数:
[2, 3, 5, 7, 11, 13, 17, 19, 23, 29, 31, 37, 41, 43, 47, 53, 59, 61, 67, 71, 73, 79, 83, 89, 97]
```

图 12.9 使用 filter()函数求素数

ch12_9. py

```
def prime_filter(n):
    arr = list(range(2, n + 1))
    prime = []                              #存放素数
    while arr:
        prime_number = arr[0]               #按照筛选法首元素里是素数
        prime.append(prime_number)          #将素数加入到 prime 列表中
        arr = list(filter(lambda x: x % prime_number != 0, arr)) #使用 filter()去掉非素数
    return prime
N = 100
prime_list = prime_filter(N)
print(f"不超过{N}的全部素数:")
print(prime_list)
```

12.11　映射数据

内置函数 map(Lambda,iterable) 可以把 iterable 中的元素值映射为 Lambda 表达式的返回值。程序要把 map() 函数返回的数据放入列表或集合中。

例 12-10　使用 map() 函数映射数据。

本例 ch12_10.py 使用 map() 函数映射数据，运行结果如图 12.10 所示。

```
[1, 4, 9, 16, 25]
{9, 5, 7}
['APPLE', 'BANANA', 'ORANGE']
[101, 211, 985]
```

图 12.10　使用 map() 函数映射数据

ch12_10.py

```python
numbers = [1, 2, 3, 4, 5]
result = list(map(lambda x: x ** 2, numbers))
print(result)  # [1, 4, 9, 16, 25]
list_int = [1, 2, 3, 6]
tuple_int = (4, 5, 6, 3)
result = map(lambda x, y: x + y, list_int, tuple_int)
print(set(result))
strings = ['apple', 'banana', 'orange']
result = map(str.upper, strings)        # 将字符串列表中的每个字符串转换为大写
print(list(result))
numbers = [101, 211, 985]
result = map(str, numbers)              # 将数字转化为字符串
print(list(result))
strings = ['101', '211', '985']
result = map(int, strings)              # 将字符串转换为整数
print(list(result))
```

12.12　缝合数据

内置函数 zip(iterable1,iterable2,…) 可以将多个 iterable1,iterable2,… 中对应位置的元素打包、缝合成元组。程序需要把 zip() 函数返回的元组放入列表、集合或字典中。

例 12-11　使用 zip 函数输出水果价格并构建一个字典。

本例 ch12_11.py 使用 zip() 函数输出不同季节水果的价格；使用 zip() 函数和 dict 构建了一个字典，运行结果如图 12.11 所示。

```
淡季水果价格表:
[('apple', 6.5), ('banana', 6.2), ('orange', 8.5)]
apple 的价格是6.5元(千克)
banana 的价格是6.2元(千克)
orange 的价格是8.5元(千克)
旺季水果价格表:
[('apple', 3.5), ('banana', 3.2), ('orange', 5.5)]
apple 的价格是3.5元(千克)
banana 的价格是3.2元(千克)
orange 的价格是5.5元(千克)
构建的字典:
{'a': 97, 'b': 98, 'c': 99}
```

图 12.11　输出水果价格和构建字典

ch12_11.py

```python
def fruit_price(fruit, price):
    zipped = zip(fruit, price)              # 将两个列表打包成元组
    print(list(zipped))                     # 输出打包后的元组列表
    for fruit, price in zip(fruit, price):  # 迭代输出
        print(f"{fruit} 的价格 {price}元(千克)")
print("淡季水果价格表:")
```

```
fruit = ['apple', 'banana', 'orange']
price = [6.5, 6.2, 8.5]
fruit_price(fruit,price)
print("旺季水果价格表:")
price = [3.5, 3.2, 5.5]
fruit_price(fruit,price)
print("构建的字典:")
keys = ['a', 'b', 'c']
values = [97, 98, 99]
dictionary = dict(zip(keys, values))  # 使用 zip()函数和 dict 构建字典
print(dictionary)
```

12.13 快速选择函数

快速选择算法(Quickselect)是一种用于在未排序的数组或列表中查找第 k 大元素(或第 k 小元素)的算法(基于快速排序算法的改进版本),该算法找出第 k 大元素的时间复杂度为 $O(n)$(时间复杂度为 $O(n^2)$ 的概率极小)。

注意:尽管使用索引访问数组或列表元素的时间复杂度是 $O(1)$,但使用内置函数 sorted (arr)排序数组或列表的时间复杂度是 $O(n\log_2 n)$,所以才有了快速选择算法。

例如,对于列表 arr=[2,6,100,13,100,2],第 1 大是 100,第 2 大是 100,第 3 大是 13,第 4 大是 6,第 5 大是 2,第 6 大是 2;第 1 小是 2,第 2 小是 2,第 3 小是 6,第 4 小是 100,第 5 小是 100。

为了体现 Python 的特点,这里不讲解快速选择算法或代码的实现,而是直接使用第三方库提供的 partition()快速选择函数。需要下载 NumPy 模块,在命令行运行:

```
python -m pip install numpy
```

或

```
pip install numpy
```

下载、安装 NumPy。

(1) partition(arr,-k)[-k]:返回 arr 第 k 大元素的值($k=1,2,\cdots,$len(arr))。

(2) partition(arr,k-1)[k-1]:返回 arr 第 k 小元素的值($k=1,2,\cdots,$len(arr))。

注意:NumPy(Numerical Python)是用于科学计算和数据分析的第三方库,提供了丰富的数学函数,包括各种数学运算、线性代数运算、傅里叶变换、随机数生成等。

例 12-12 快速选择算法。

本例使用 NumPy 模块提供的 partition()快速选择函数分别输出列表的第 k 大、第 k 小的元素的值,运行结果如图 12.12 所示。

```
[2, 6, 100, 13, 100, 2]
第1大:100 第2大:100 第3大:13 第4大:6 第5大:2 第6大:2
第1小:2 第2小:2 第3小:6 第4小:13 第5小:100 第6小:100
```

图 12.12　快速选择算法

ch12_12.py

```python
import numpy
def find_kth_max(nums, k):
    return numpy.partition(nums, -k)[-k]
```

```
    def find_kth_min(nums, k):
        return numpy.partition(nums, k - 1)[k - 1]
arr = [2, 6, 100, 13, 100, 2]
print(arr)
n = len(arr)
for k in range(1, n + 1):
    result = find_kth_max(arr, k)
    print(f"第{k}大:{result}", end = " ")
print()
for k in range(1, n + 1):
    result = find_kth_min(arr, k)
    print(f"第{k}小:{result}", end = " ")
```

12.14 索引排序函数

所谓索引排序是指索引按其对应的元素值的大小关系排序,例如,[15,112,13,110,17]的索引排序返回的索引数组是[2,0,4,3,1]。索引数组中的索引的大小不是按数字的自然大小关系,而是按索引对应的元素值的大小关系,例如 arr[4](值是 17)小于 arr[3](值是 110),所以如果按这样的大小关系排序(升序),那么索引数组[2,0,4,3,1]中的索引 4 排在索引 3 的前面(4 小于 3)。索引按对应的元素值的大小关系排序也是索引排序的名称的缘由。

1. NumPy 模块的索引排序函数

argsort(arr):NumPy 模块(有关 NumPy 模块的下载、安装见 12.13 节)的索引排序函数 argsort(arr)不会修改原始数组 arr,而是按升序返回数组 arr 的索引。需要强调的是,参数 arr 必须是用 numpy 模块得到的数组,例如可以是 numpy.array([85,70,95,80]),不可以是用 array 模块得到的数组,例如不可以是 array.array('i',[85,70,95,80])。

注意:"argsort"按字面可翻译为"参数排序",意为根据参数进行排序。但这里翻译为索引排序更为贴切,理由是"argsort"通常指的是根据给定的数组或序列中的值的大小顺序来获取排序后的索引。

索引排序是比较实用的算法,在不对数组本身进行排序的前提下(有些需求中可能不允许对数组进行任何改动,包括对其排序)就可以按升序或降序输出数组元素值,例如,对于一组学生名单和其对应的一组成绩,通过对这一组成绩索引排序,就可以在排序输出成绩的同时也输出该成绩的学生姓名。

注意:索引排序的时间复杂度是 $O(n\log_2 n)$。

例 12-13 索引排序与销售业绩和成绩。

本例使用 NumPy 提供的 argsort(arr)函数返回数组 arr 的索引排序,按销量从低到高输出了某公司四个季度的销量、按成绩从高到低输出了学生的成绩,运行结果如图 12.13 所示。

```
原始数组: [ 5 12  3 10  7]
排序后的索引数组: [2 0 4 3 1]
按照排序后的索引数组重建排序后的数组: [ 3  5  7 10 12]
公司四个季度的销售数据（升序）:
1. 一季度: 28976  2. 四季度: 36788  3. 三季度: 52876  4. 二季度: 87532
学生按数序从高到低排序:
1. 赵五: 95  2. 张山: 86  3. 孙三: 82  4. 李四: 75
学生按英语成绩从高到低排序:
1. 张山: 99  2. 赵五: 92  3. 李四: 89  4. 孙三: 88
```

图 12.13 索引排序与销售业绩和成绩

第12章　Python的实用算法

ch12_13.py

```python
import numpy
arr = numpy.array([5,12,3,10,7])
index_sorted = numpy.argsort(arr)                        #升序返回索引数组
print("原始数组:", arr)
print("排序后的索引数组:", index_sorted)
print("按照排序后的索引数组重建排序后的数组:", arr[index_sorted])
#某公司四个季度的销售数据
season = numpy.array(['一季度', '二季度', '三季度', '四季度'])
sales = numpy.array([28976, 87532, 52876, 36788])
index_sorted = numpy.argsort(sales)                      #升序返回索引数组
print("公司四个季度的销售数据(升序):")
for i, idx in enumerate(index_sorted):
    print(f"{i + 1}. {season[idx]}: {sales[idx]}",end = " ")
print()
students = numpy.array(['张山', '李四','赵五','孙三'])
math_score = numpy.array([86, 75, 95, 82])
english_score = numpy.array([99, 89, 92, 88])
index_sorted = numpy.argsort(math_score)[::-1]           #降序返回索引数组
print("学生按数序从高到低排序:")
for i, idx in enumerate(index_sorted):
    print(f"{i + 1}. {students[idx]}: {math_score[idx]}",end = " ")
print()
index_sorted = numpy.argsort(english_score)[::-1]        #降序返回索引数组
print("学生按英语成绩从高到低排序:")
for i, idx in enumerate(index_sorted):
    print(f"{i + 1}. {students[idx]}: {english_score[idx]}",end = " ")
```

2. 自定义索引排序函数

与12.13节的快速选择函数不同,快速选择算法是快速排序算法的改进,有相当的难度。索引排序的算法相对简单,程序可以自定义索引排序函数,而且参与索引排序的数组不限于是 NumPy 模块的数组,例如,参与索引排序的可以是 array 数组或列表。

例 12-14　自定义索引排序函数。

本例 ch12_14.py 中的 index_sorted(arr) 是自定义的索引排序函数,运行结果如图 12.14 所示。

学生数学成绩排名:
1. 赵五: 95 分
2. 张山: 85 分
3. 钱一: 80 分
4. 李四: 70 分
学生英语成绩排名:
1. 李四: 90 分
2. 钱一: 89 分
3. 赵五: 88 分
4. 张山: 77 分

图 12.14　自定义索引排序函数

ch12_14.py

```python
def index_sorted(arr):
    index = list(range(len(arr)))
    index.sort(key = lambda idx: -arr[idx])     #降序,写成 arr[idx]是升序
    return index
students = ["张山","李四","赵五","钱一"]
math_scores = [85, 70, 95, 80]
english_scores = [77, 90, 88, 89]
index_sorted_math = index_sorted(math_scores)
print("学生数学成绩排名:")
for i, idx in enumerate(index_sorted_math):
    print(f"{i + 1}. {students[idx]}: {math_scores[idx]} 分")
index_sorted_english = index_sorted(english_scores)
print("学生英语成绩排名:")
for i, idx in enumerate(index_sorted_english):
    print(f"{i + 1}. {students[idx]}: {english_scores[idx]} 分")
```

12.15　依次排序函数

大家在生活中可能经常遇到依次排序(也称间接排序)的情景,比如,让一组学生依次按姓名、年龄排序或依次按年龄、姓名排序,例如有两个学生的名字分别是 Anni 和 David,年龄分别是 25 和 21,那么如果按姓名、年龄的顺序排序就是[David,21],[Anni,25];如果按年龄、姓名的顺序排序就是[Anni,25],[David,21]。

NumPy 模块(有关 NumPy 模块的下载、安装见 12.13 节)提供了用于依次排序的函数。

lexsort(key_1,key_2,…,key_n):是 NumPy 模块中用于依次排序的函数,该函数可以根据 key_1,key_2,…,key_n 多个依次关联的数组进行排序(数组不能少于两个)。该函数在排序时依次按照 key_1,key_2,…,key_n 给出的排序规则进行排序。该函数返回一个索引组成的数组,该索引数组中的每个索引对应的是排序之前 key_1 中的元素位置。

注意:lexsort()函数名字中的 lex 是 lexicographical(词典式的)的缩写,寓意依次按照 key_1、key_2、…、key_n 进行排序。

例 12-15　间接排序学生名单。

本例 ch12_15.py 使用 lexsort(key_1,key_2,…,key_n)函数间接排序学生名单,运行结果如图 12.15 所示。

```
学生名单:
['Zhangsan' 'Lisi' 'Zhangsan' 'Anqi' 'Baolinlin']
按姓名、年龄的顺序排序:
[1 0 4 2 3]
[('Lisi', 18), ('Zhangsan', 20), ('Baolinlin', 22), ('Zhangsan', 22), ('Anqi', 25)]
按年龄、姓名的顺序排序:
[3 4 1 0 2]
[('Anqi', 25), ('Baolinlin', 22), ('Lisi', 18), ('Zhangsan', 20), ('Zhangsan', 22)]
```

图 12.15　间接排序学生名单

ch12_15.py

```python
import numpy
name = numpy.array(['Zhangsan', 'Lisi', 'Zhangsan', 'Anqi', 'Baolinlin'])
print("学生名单:")
print(name)
age = numpy.array([20, 18, 22, 25, 22])
print("按姓名、年龄的顺序排序:")
idex = numpy.lexsort((name,age))            #name、age 顺序
sorted_data = [(name[i], age[i]) for i in idex]
print(idex)
print(sorted_data)
print("按年龄、姓名的顺序排序:")
idex = numpy.lexsort((age, name))           #age、name 顺序
sorted_data = [(name[i], age[i]) for i in idex]
print(idex)
print(sorted_data)
```

12.16　NumPy 实用函数集锦

NumPy 模块(有关 NumPy 模块的下载、安装见 12.13 节)提供了许多实用的函数,可用

于数组操作、数值计算、线性代数等方面。

> **注意**：NumPy 的主要目的是让 Python 成为一种强大的数值计算和数据分析工具，详细讲解 NumPy 不属于本教材范畴。读者可以从 NumPy 的官方网址 https://numpy.org/doc/ 了解更多详细信息和示例。

例 12-16 NumPy 实用函数集锦。

本例 ch12_16.py 中的函数是作者认为 NumPy 模块中的小巧实用、相对简单的函数，并分类如下（见代码中的注释）：

（1）创建数组；

（2）数组操作；

（3）数值计算；

（4）矩阵乘法；

（5）通用函数。

使用这些函数可以减少代码的编写量（如果自己去实现这些函数的功能要写不少代码），而且 NumPy 官网告知这些函数的效率非常好。本例的代码中有详细的说明和注释，阅读即可掌握，运行结果如图 12.16 所示。

```
[3 1 2 5 4 6]中值是偶数的元素构成的一维数组:[2 4 6]
[1 2 2 3 4 4 5 3]中去掉重复数据的一维数组:[1 2 3 4 5]
双色球红球号码: [ 7 24 30 22 33 18]
双色球篮球号码: [9]

2~10均匀分布的5个浮点数:[ 2.  4.  6.  8. 10.]
24和36的最大公约数:12
包含:[ 6 28 36]的最小等差数列 : [ 6.  8. 10. 12. 14. 16. 18. 20. 22. 24. 26. 28. 30. 32. 34. 36.]
对[1 2 3 4 5]洗牌一次:[4 5 2 1 3]
[3 1 2 5 4 6]的标准差:1.707825127659933
矩阵:
[[1 2]
 [3 4]]
的逆矩阵:
[[-2.   1. ]
 [ 1.5 -0.5]]
矩阵:
[[1 2]
 [3 4]]
的特征值:[-0.37228132  5.37228132]
特征向量:
[[-0.82456484 -0.41597356]
 [ 0.56576746 -0.90937671]]
2x + 3y = 8
4x - y = 6
线性方程组的解:
[1.85714286 1.42857143]
[3 1 2 5 4 6]各个元素值（代表弧度）的sin值:
[ 0.14112001  0.84147098  0.90929743 -0.95892427 -0.7568025  -0.2794155 ]
```

图 12.16 NumPy 模块的实用函数集锦

ch12_16.py

```python
import numpy
    #(1)创建数组
arr1 = numpy.array([1, 2, 3, 4, 5])                    #创建一个一维数组
arr2 = numpy.array([[1, 2, 3], [4, 5, 6], [7, 8, 9]])  #创建一个二维数组
zeros = numpy.zeros((3, 4))                            #创建一个3行4列的全零二维数组
ones = numpy.ones((3, 4))                              #创建一个3行4列的全1二维数组
range_arr = numpy.arange(0, 10, 3)         #创建一个指定范围的数组,0~10相差为3的数组
random_arr = numpy.random.rand(3, 3)  #创建一个3行3列的由[0,1)中的随机数构成的二维数组
    #(2)数组操作
arr = numpy.array([1, 2, 3, 4, 5, 6])
reshaped_arr = arr.reshape((2, 3))                     #数组变换为2行3列的二维数组
```

```python
sliced_arr = arr[1:4]                                    #数组切片
arr1 = numpy.array([1, 2, 3])
arr2 = numpy.array([4, 5, 6])
concatenated_arr = numpy.concatenate((arr1, arr2))       #数组拼接
arr = numpy.array([[1, 2, 3], [4, 5, 6]])
transposed_arr = arr.T                                   #二维数组的转置
arr = numpy.array([3, 1, 2, 5, 4, 6])
sorted_arr = numpy.sort(arr)                             #数组元素排序
print(f"{arr}中值是偶数的元素构成的一维数组:",end = "")
arr_condition = numpy.extract(arr % 2 == 0, arr)         #返回满足条件的数组元素的一维数组
print(arr_condition)
arr_repeat = numpy.array([1, 2, 2, 3, 4, 4, 5, 3])
unique_values = numpy.unique(arr_repeat)                 #返回重复数据只保留一个的数组
print(f"{arr_repeat}中去掉重复数据的一维数组:{unique_values}",end = "")
number = 33
n = 6
#返回 n 个 1～number 之间不同的随机数
rondom_red = numpy.random.choice(numpy.arange(1, number + 1),size = n, replace = False)
print("\n双色球红球号码:",rondom_red)
number = 16
n = 1
rondom_blue = numpy.random.choice(numpy.arange(1, number + 1),size = n, replace = False)
print("双色球篮球号码:",rondom_blue)
uniform_distribution = numpy.linspace(2,10,5)            #1～10 均匀分布的 5 个浮点数
print(f"\n2～10 均匀分布的 5 个浮点数:{uniform_distribution}",end = "")
a = 24
b = 36
print(f"\n{a}和{b}的最大公约数:{numpy.gcd(a, b)}")       #计算最大公约数
num = numpy.array([6, 28, 36])
num = numpy.sort(num)
sub = num[1:] - num[:-1]                                 #得到的结果是 num 相邻元素之差构成的数组
gcd_number = numpy.gcd.reduce(sub)                       #求 sub 数组中全部元素值的最大公约数
N = (numpy.max(num) - numpy.min(num))//gcd_number + 1
series = numpy.linspace(numpy.min(num), numpy.max(num), N)
print(f"包含:{num}的最小等差数列 :{series}")
arr_shuffle = numpy.array([1, 2, 3, 4, 5])
arr_copy = arr_shuffle.copy()                            #复制数组
numpy.random.shuffle(arr_shuffle)                        #洗牌
print(f"对{arr_copy}洗牌一次:{arr_shuffle}")
    #(3)数值计算:
sum_arr = numpy.sum(arr)                                 #数组元素求和
mean_arr = numpy.mean(arr)                               #数组元素的平均值
max_arr = numpy.max(arr)                                 #数组元素的最大值
min_arr = numpy.min(arr)                                 #数组元素的最小值
print(f"{arr}的标准差:{numpy.std(arr)}",end = "")        #数组元素的标准差
    #(4)矩阵乘法与齐次线程方程组求解
matrix1 = numpy.array([[1, 2], [3, 4]])
matrix2 = numpy.array([[5, 6], [7, 8]])
product_matrix = numpy.dot(matrix1, matrix2)             #矩阵乘积
inverse_matrix = numpy.linalg.inv(matrix1)               #矩阵求逆
print(f"\n 矩阵:\n{matrix1}\n 的逆矩阵:\n{inverse_matrix}",end = "")
determinant = numpy.linalg.det(matrix1)                  #矩阵行列式
value, vector = numpy.linalg.eig(matrix1)                #矩阵特征值和特征向量
print(f"\n 矩阵:\n{matrix1}\n 的特征值:{value}\n 特征向量:\n{vector}",end = "")
# 2x + 3y = 8
# 4x - y = 6
A = numpy.array([[2, 3], [4, -1]])                       #定义系数矩阵
B = numpy.array([8, 6])                                  #定义常数向量
X = numpy.linalg.solve(A, B)                             #求解
print("\n2x + 3y = 8 \n4x - y = 6\n 线性方程组的解:")
```

```
print(X)
    #(5)通用函数(ufunc):对数组进行元素级别的操作、无须使用循环
arr1 = numpy.array([1, 2, 3])
arr2 = numpy.array([4, 5, 6])
add_arr = numpy.add(arr1, arr2)  #数组加法
subtract_arr = numpy.subtract(arr1, arr2)  #数组减法
multiply_arr = numpy.multiply(arr1, arr2)  #数组乘法
divide_arr = numpy.divide(arr1, arr2)  #数组除法
result = numpy.sin(arr)  #数组 sin 求值
print(f"{arr}各个元素值(代表弧度)的 sin 值:\n{result}")
result = numpy.exp(arr)  #数组 exp 函数求值
```

习题 12

第 13 章　图论

本章主要内容
- 无向图；
- 有向图；
- 网络；
- 图的存储；
- 图的遍历；
- 测试连通图；
- 最短路径；
- 最小生成树。

在第 1 章我们简单地介绍过图。相对于线性表、二叉树等数据结构，图是一种比较复杂的数据结构，而且图论本身也是数学领域中一个经典的研究分支。本章将讲解程序设计中经常用到的一些图论的知识，例如深度优先搜索、广度优先搜索、最短路径等。

图是由顶点 V、边 E 构成的一种数据结构，记作 $G=(V,E)$。

(1) 在 V 的顶点里不能有自己到自己的边，即对任何顶点 v，$(v,v)\notin E$。

(2) 对于 V 中的一个顶点 v，v 可以和其他任何顶点之间没有边，即对于任何顶点 a，(a,v) 和 (v,a) 都不属于 E，v 也可以和其他一个或多个顶点之间有边，即存在多个顶点 $a_1,a_2,\cdots,a_m$ 和 $b_1,b_2,\cdots,b_n$，使得 $(v,a_1),(v,a_2),\cdots,(v,a_m)$ 属于 E，以及 $(b_1,v),(b_2,v),\cdots,(b_n,v)$ 属于 E。

13.1　无向图

1. 无向图的定义

对于图 $G=(V,E)$，如果 (a,b) 是边，即 $(a,b)\in E$ 那么默认 $(b,a)\in E$ 即 (b,a) 也就是边，并规定 (a,b) 边等于 (b,a) 边，这样规定的图 $G=(V,E)$ 是无向图。无向图的边是没有方向的。

例如，图 $G=(V,E)$ 是无向图，其中，
$$V=\{v_0,v_1,v_2,v_3,v_4\}$$
$$E=\{(v_0,v_1),(v_0,v_2),(v_0,v_3),(v_2,v_3),(v_1,v_3)\}$$

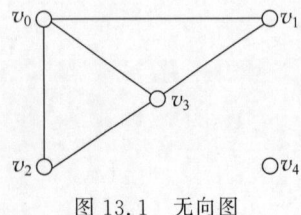

图 13.1　无向图

对于无向图，如果 $(v_i,v_j)\in E$，那么默认 $(v_j,v_i)\in E$，因此不必再显式地将 (v_j,v_i) 写在 E 里。对于图 $G=(V,E)$，示意图如图 13.1 所示。从 n 个不同的顶点里取 2 个顶点的组合一共有 $n(n-1)/2$ 个，因此一个有 n 个顶点的无向图最多有 $n(n-1)/2$ 条边。如果一个无向图有 $n(n-1)/2$ 条边，则称这样的无向图是完整无向图或完全无向图。

2. 邻接点

对于无向图 G，如果有边连接 V 中的两个顶点 a,b，即 $(a,b) \in E$，则称 b 是 a 的邻接点、a 是 b 的邻接点，也称两个顶点 a,b 是相邻的顶点。

一个顶点的度就是它的邻接点的数目，通常记作 D(顶点)，例如，对于图 13.1 所示的无向图，$D(v_0)=3$。

3. 路径

对于有 n 个顶点的无向图 $G=(V,E)$，记

$$V=\{v_0,v_1,\cdots,v_{n-2},v_{n-1}\}$$

对于顶点 v_i 和 v_j，如果存在 0 个或多个顶点 $p_1,p_2,\cdots,p_k \in V(k \geqslant 1)$，使得 (v_i,p_1)，$(p_1,p_2),\cdots,(p_i,p_{i+1}),\cdots,(p_k,v_j) \in E$，则称顶点序列

$$v_i p_1 p_2 \cdots p_k v_j$$

是顶点 v_i 到顶点 v_j 的路径，即路径是用无向边相连接的一个顶点序列。有时，为了形象、清楚，经常将 v_i 到顶点 v_j 的路径记作（路径中的顶点之间加上箭头）：

$$v_i \rightarrow p_1 \rightarrow p_2 \rightarrow \cdots \rightarrow p_k \rightarrow v_j$$

对于无向图，也称路径是无向边路径。

对于 v_i 到 v_j 的路径 $v_i p_1 p_2 \cdots p_k v_j$，如果 $p_i \neq p_j$，即路径中间没有相同（重复的）顶点，称这样的路径是简单路径，如果 $v_i = v_j$，并且存在多个顶点 $p_1,p_2,\cdots,p_k \in V(k \geqslant 1)$，使得 $(v_i,p_1),(p_1,p_2),\cdots,(p_i,p_{i+1}),\cdots,(p_k,v_j) \in E$，称这样的简单路径是 v_i 的一个环路 (cycle)。例如，对于图 13.1 所示的图，路径 $v_0 v_1 v_3 v_2$ 和路径 $v_0 v_2$ 都是 v_0 到 v_2 的简单路径，$v_2 v_3 v_0 v_2$ 是 v_2 的环路。

路径的自然长度就是路径中包含的边的数目或路径中包含的顶点数目减去 1。例如路径 $v_0 v_1 v_3 v_2$ 的自然长度是 3，$v_0 v_2$ 的自然长度是 1，环路 $v_2 v_3 v_0 v_2$ 的自然长度是 3。

4. 连通图

对于无向图 $G=(V,E)$，如果对于 V 中任意两个不同的顶点 v_i 和 v_j，都存在至少一条 v_i 到 v_j 路径，则称该无向图是连通图。图 13.1 所示的无向图不是连通图（例如没有 v_3 到 v_4 的路径）。对于有 n 个顶点的无向连通图 $G=(V,E)$，其边数至少是 $n-1$。

注意：对于无向图，如果存在顶点 v_i 到顶点 v_j 的路径，就存在顶点 v_j 到顶点 v_i 的路径，而且两条路径中含有的边是完全相同的。

13.2 有向图

1. 有向图的定义

对于图 $G=(V,E)$，如果 (a,b)、(b,a) 都是边，规定 (a,b) 边不等于 (b,a) 边，这样规定的图是有向图。有向图的边是有方向的。

图 $G=(V,E)$ 是有向图，其中

$$V=\{v_0,v_1,v_2,v_3,v_4\}$$

$$E=\{(v_0,v_1),(v_1,v_0),(v_0,v_2),(v_2,v_3),(v_3,v_0),(v_1,v_3),(v_3,v_1),(v_3,v_4)\}$$

对于有向图，如果 $(v_i,v_j) \in E$，不一定就有 $(v_j,v_i) \in E$。因此，如果 $(v_j,v_i) \in E$ 必须显式地将 (v_j,v_i) 写在 E 中。对于有向图 $G=(V,E)$，示意图如图 13.2 所示。

从 n 个不同的顶点里取两个顶点的组合一共有 $n(n-1)/2$ 个，因此一个有 n 个顶点的有

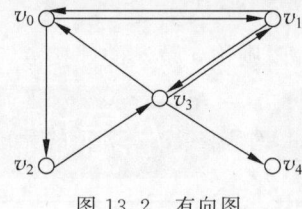

图 13.2 有向图

向图最多有 $n(n-1)$ 条边(注意边是有方向的,所以边的数目是无向图的两倍)。如果一个有向图有 $n(n-1)$ 条边,则称这样的有向图是完整有向图或完全有向图。

2. 邻接点

对于有向图 G,如果有边连接 V 中的两个顶点 a,b,即 $(a,b) \in E$,则称 b 是 a 的邻接点。和无向图不同,对于有向图,因为边是有方向的,如果 b 是 a 的邻接点,那么 a 不一定是 b 的邻接点。如果 b 是 a 的邻接点,a 也是 b 的邻接点,就称两个顶点 a,b 是相邻的顶点。

一个顶点的度就是它的邻接点的数目,通常记作 D(顶点),例如,对于前面图 13.2 所示的有向图,$D(v_0)=2$。

3. 路径

对于有 n 个顶点的有向图 $G=(V,E)$,记

$$V=\{v_0,v_1,\cdots,v_{n-2},v_{n-1}\}$$

对于顶点 v_i 和 v_j,如果存在 0 个或多个顶点 $p_1,p_2,\cdots,p_k \in V(k \geqslant 1)$,使得 (v_i,p_1),$(p_1,p_2),\cdots,(p_i,p_{i+1}),\cdots,(p_k,v_j) \in E$,则称顶点序列

$$v_i p_1 p_2 \cdots p_k v_j$$

是顶点 v_i 到顶点 v_j 的路径,即路径是用有向边相连接的一个顶点序列。有时,为了形象、清楚,经常将 v_i 到另一个顶点 v_j 的路径记作(路径中的顶点之间加上箭头):

$$v_i \rightarrow p_1 \rightarrow p_2 \rightarrow \cdots \rightarrow p_k \rightarrow v_j$$

对于有向图,也称路径是有向边路径。

对于 v_i 到 v_j 的路径 $v_i p_1 p_2 \cdots p_k v_j$,如果 $p_i \neq p_j$,即路径中间没有相同(重复的)的顶点,称这样的路径是简单路径,如果 $v_i = v_j$,并且存在多个顶点 $p_1,p_2,\cdots,p_k \in V(k \geqslant 1)$,使得 $(v_i,p_1),(p_1,p_2),\cdots,(p_i,p_{i+1}),\cdots,(p_k,v_j) \in E$,称这样的简单路径是 v_i 的一个环路 (cycle)。例如,对于图 13.2 所示的图,路径 $v_0 v_1 v_3 v_4$ 和路径 $v_0 v_2 v_3 v_4$ 都是 v_0 到 v_4 的简单路径,$v_0 v_1 v_3 v_0$、$v_0 v_2 v_3 v_0$ 是 v_0 的环路。

路径的自然长度就是路径中包含的边的个数或路径中包含的顶点数目减去 1。例如路径 $v_0 v_1 v_3 v_4$ 的自然长度是 3,环路 $v_0 v_1 v_3 v_0$ 的自然长度是 3。

4. 强连通图

对于有向图 $G=(V,E)$,如果对于 V 中任意两个不同的顶点 v_i,v_j,都存在至少一条 v_i 到 v_j 路径以及一条 v_j 到 v_i 的路径,则称该有向图是连通图,有向连通图也称强连通图。如图 13.2 所示的有向图不是强连通图(没有 v_3 到 v_2 的路径)。对于有 n 个顶点的有向连通图 $G=(V,E)$,其边数至少是 n。

注意:和无向图不同,对于有向图,如果存在顶点 v_i 到顶点 v_j 的路径,不能推出就存在顶点 v_j 到顶点 v_i 的路径,原因是有向图的边是有方向的。

13.3 网络

对于无向图或有向图 $G=(V,E)$,如果人为地给每个边(例如 (v_i,v_j))一个权重 (weight),记作 w_{ij} 或 $w(v_i,v_j)$,称这样的无向图或有向图是无向网络或有向网络。也称网

络是加权图。

如图 13.3 所示的无向网络 $G=(V,E)$，用于刻画北京、广州、成都和上海 4 个城市之间的民航航线，航线之间的权重是航线距离。

如图 13.4 所示的有向网络 $G=(V,E)$，用于刻画北京、广州、成都和上海 4 个城市之间的民航航线，航线之间的权重是航线的票价(往返的票价不尽相同)。

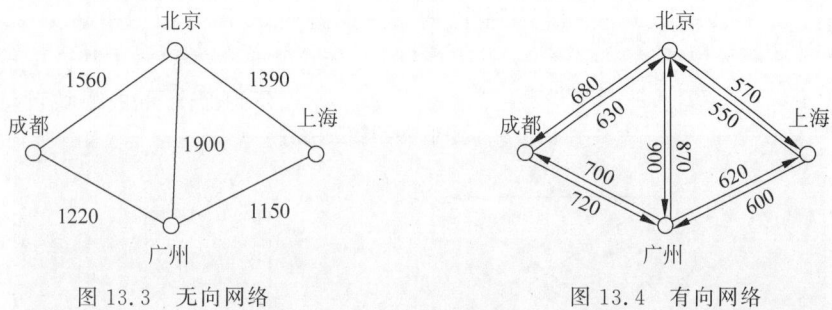

图 13.3　无向网络　　　　图 13.4　有向网络

注意：可以把无向图或有向图当作所有的边的权重都是 1 的无向网络或有向网络。

13.4　图的存储

对于图或网络 $G=(V,E)$，通常使用数组或顺序表存储顶点。以下讲解怎样存储图或网络的边。

1. 邻接矩阵

对于有 n 个顶点的无向图或有向图 $G=(V,E)$，记
$$V=\{v_0,v_1,\cdots,v_{n-2},v_{n-1}\}$$
使用一个 n 阶方阵(二维数组)表示边，n 阶方阵是 $A=[a_{ij}]$，如果顶点 v_i 和 v_j 之间有边，a_{ij} 的值就是 1，否则是 0。n 阶方阵中的每个元素 a_{ij} 的值如下：
$$a_{ij}=\begin{cases}1 & (v_i,v_j)\in E\\ 0 & (v_i,v_j)\notin E\end{cases}$$

称 n 阶方阵 $A=[a_{ij}]$ 是图 $G=(V,E)$ 的邻接矩阵(adjacency matrix)。图的邻接矩阵相当于存储图的边。

对于无向图，邻接矩阵一定是对称矩阵，理由是如果 $(v_i,v_j)\in E$ 就会有 $(v_j,v_i)\in E$。

对于有 n 个顶点的无向网络或有向网络，$G=(V,E)$ 的邻接矩阵 $A=[a_{ij}]$ 定义如下：
$$a_{ij}=\begin{cases}w_{ij} & (v_i,v_j)\in E\\ \infty & (v_i,v_j)\notin E\\ 0 & i=j\end{cases}$$

如果顶点 v_i 和 v_j 之间有边，a_{ij} 的值就是此边上的权重 w_{ij}，否则是无穷大($i\neq j$)或 $0(i=j)$。网络的邻接矩阵用于存储网络的边。在代码实现时可以用大于所有权重的某个很大的数代替 ∞。

需要注意的是，这里的邻接矩阵是行优先，即要看边 (v_i,v_j) 在对应的邻接矩阵中的元素时是先查看矩阵(二维数组)的第 i 行，然后再查看第 j 列。

对于有 4 个顶点的无向图 $G=(V,E)$，示意图以及邻接矩阵 A 如图 13.5 所示。

对于有 4 个顶点的有向图 $G=(V,E)$，示意图以及邻接矩阵 A 如图 13.6 所示。

对于有 4 个顶点的有向网络 $G=(V,E)$，示意图以及邻接矩阵 A 如图 13.7 所示。

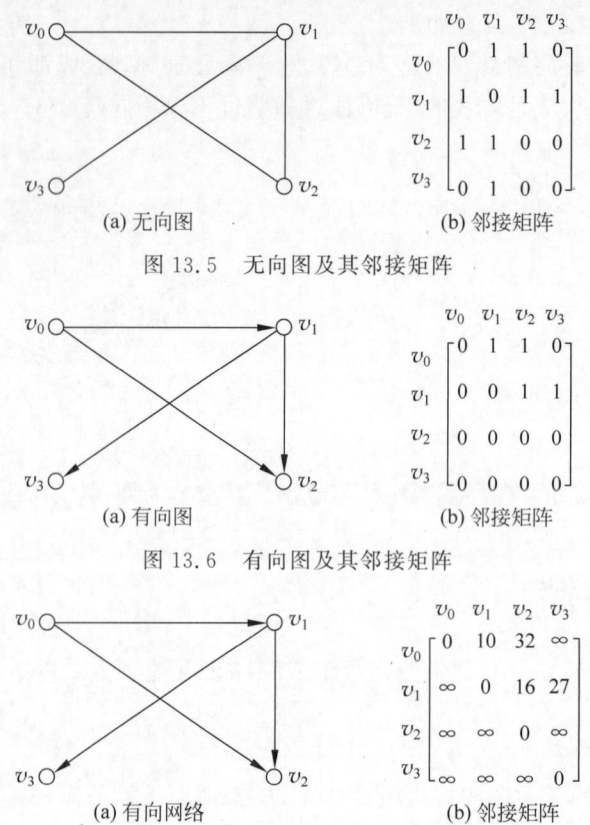

图 13.5　无向图及其邻接矩阵

图 13.6　有向图及其邻接矩阵

图 13.7　有向网络及其邻接矩阵

2. 邻接链表

邻接链表（adjacency linkedlist）是图 $G=(V,E)$ 的另一种存储方法。以下讲解怎样用邻接链表存储图的边。

对于每个顶点 v_i，将 v_i 的全部邻接点存储在一个链表中，即顶点 v_i 对应着一个链表 list，对于 list 中的任何一个顶点 p，都有 $(v_i,p)\in E$。可以使用字典存储各个顶点对应的链表，即将 v_i 对应的链表 list，以键-值对 (v_i,list) 存储在一个字典中。

对于有 4 个顶点的无向图 $G=(V,E)$，示意图以及邻接链表如图 13.8 所示。

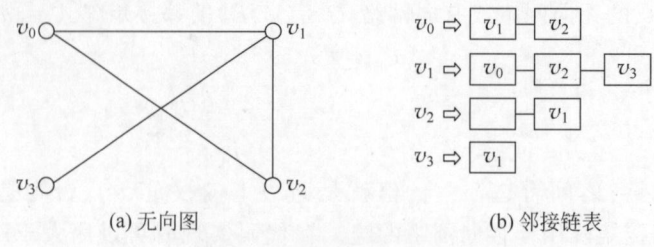

图 13.8　无向图及其邻接链表

对于有 4 个顶点的有向图 $G=(V,E)$，示意图以及邻接链表如图 13.9 所示。

对于有 4 个顶点的有向网络 $G=(V,E)$，示意图以及邻接链表如图 13.10 所示。

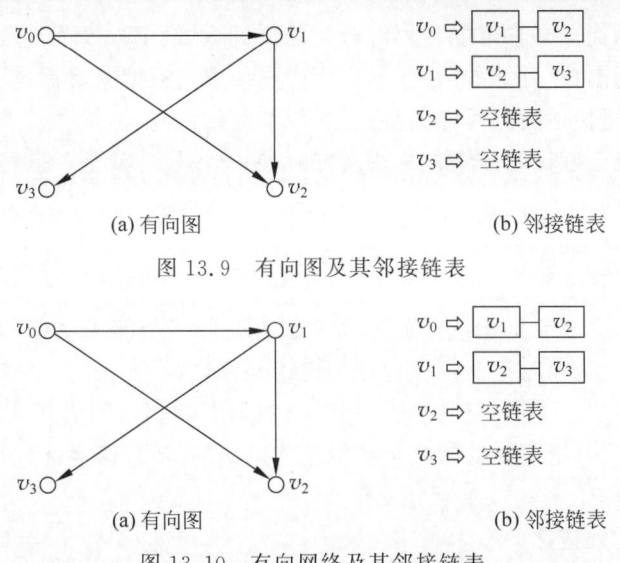

图 13.9　有向图及其邻接链表

(a) 有向图　　　　　　　　　(b) 邻接链表

图 13.10　有向网络及其邻接链表

3. 邻接矩阵与邻接链表的比较

在实际应用中,到底是采用邻接矩阵还是采用邻接链表存储一个图,要看具体的问题,如果图的问题主要是处理顶点的邻接点,那么采用邻接链表更好,因为找出全部邻接点的时间复杂度是 O(顶点的度)。如果采用邻接矩阵,找出全部邻接点的时间复杂度是 $O(n)$,n 是顶点个数。但是,如果经常需要删除或添加顶点的邻接点,采用邻接矩阵就比较好,理由是只需将邻接矩阵的某个元素的值由 1 变成 0 或由 0 变成 1,而采用邻接链表,就需要对链表进行删除或添加操作。

对于大部分搜索问题,往往仅仅涉及顶点、边,一般不涉及边的权重,因此在深度或广度优先搜索问题中,可以采用邻接矩阵或邻接链表存储图,在求最短路径的问题中,就要使用邻接矩阵存储图,因为邻接矩阵里蕴含着"距离"信息,即包含着边的权重(见 13.7 节)。

13.5　图的遍历

深度优先搜索和广度优先搜索都是图论里关于图的遍历算法,二者在许多算法问题中都有广泛的应用。在 7.5 节和 8.6 节分别使用过深度优先搜索和广度优先搜索的算法思想。

深度优先搜索(DFS)的基本思路是从某个起点 v 开始,沿着一条路径依次访问该路径上的所有顶点,直到到达路径的末端(深度优先),然后回溯到最近的一个没有访问过的顶点,将该顶点作为新的起点,继续重复这个过程。如果回溯过程回到最初的起点 v,则结束此次遍历过程。如果图中仍然有没访问过的顶点,则在没访问过的顶点中选择一个顶点重新开始遍历。深度优先搜索一直到图中再也没有可访问的顶点时结束搜索过程。深度优先搜索的算法中可以用栈这种数据结构体现深度优先。

广度搜索则是从起点开始,逐层访问所有路径可达到的顶点,一层一层地往外扩展(广度优先),直到所有路径可达到的顶点都被访问到,结束此次遍历过程。如果图中仍然有没访问过的顶点,则在没访问过的顶点中选择一个顶点重新开始遍历。广度优先搜索一直到图中再也没有可访问的顶点时结束搜索过程。广度优先搜索的算法中可以用队列这种数据结构体现广度优先。

在实际应用中,深度优先搜索和广度优先搜索可用于寻找某些问题的解,不一定遍历全部的顶点。深度搜索的优点是它可能在相对较短的时间内找到解，例如老鼠走迷宫就适合通过深度优先搜索来找到出口（见 7.5 节）。而广度优先搜索则在搜索目标范围比较大的情况下更为有效，因为它能够更快地找到可能的解（见 8.6 节的扫雷）。

深度优先搜索或广度优先搜索在算法实现时，一个小技巧就是一旦访问过某顶点，需要把该顶点标记为"已访问"。

1. 深度优先搜索（DFS）算法

DFS 算法描述如下。

（1）检查是否已经访问了全部的顶点，如果已经访问了全部的顶点，进行（3），否则将一个不曾访问的顶点压入栈，同时把此顶点标记为已访问，然后进行（2）。

（2）如果栈是空，进行（1），否则弹栈，把弹出的顶点的邻接顶点压入栈，但压入的条件是它们还未被访问过，同时把这样的邻接顶点标记为已访问（体现深度优先），再进行（2）。

（3）算法结束。

例 13-1 深度优先搜索。

本例 ch13_1.py 中的 dfs(s) 函数是深度优先遍历算法，为了代码的简洁，dfs() 函数中直接用整数 0,1,2,⋯,n 来表示 n 个顶点，并用邻接矩阵和栈来实现深度优先搜索。ch13_1.py 的 main() 函数使用 dfs() 函数深度优先遍历如图 13.11 所示的有 8 个顶点（0,1,2,4,5,6,7,8）的无向图，运行效果如图 13.12 所示。

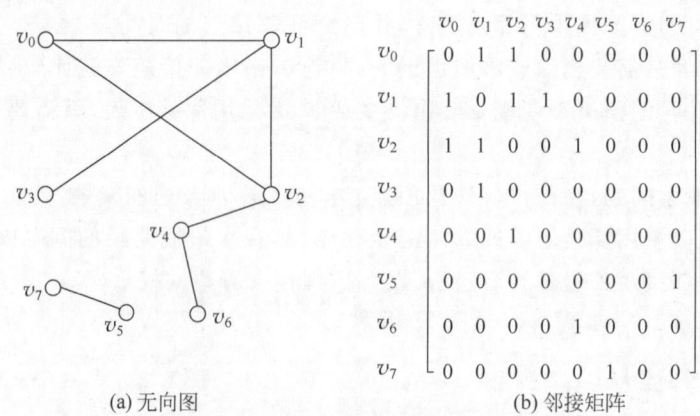

图 13.11 有 8 个顶点的无向图与邻接矩阵

图 13.12 深度优先搜索

ch13_1.py

```
class Graph:
    def __init__(self, vertices):
        self.V = vertices
        self.adj = [[0 for _ in range(vertices)] for _ in range(vertices)]
        self.count = [0 for _ in range(vertices)]
    def add_edge(self, u, v):
        self.adj[u][v] = 1
    def dfs(self, start_vertex):
        stack = []
```

```
            stack.append(start_vertex)
            self.count[start_vertex] += 1
            while stack:
                vertex = stack.pop()
                print(f"v{vertex}被访问{self.count[vertex]}次 |", end = "")
                for j in range(self.V):
                    if self.adj[vertex][j] and self.count[j] == 0:
                        stack.append(j)
                        self.count[j] += 1

if __name__ == "__main__":
    graph = Graph(8)
    edges = [(0, 1), (0, 2), (1, 2), (1, 3), (2, 4), (4, 6), (5, 7),
             (1, 0), (2, 0), (2, 1), (3, 1), (4, 2), (6, 4), (7, 5)
             ]
    for edge in edges:
        graph.add_edge(edge[0], edge[1])
    print("深度优先搜索结果：")
    for i in range(8):
        if graph.count[i] == 0:
            print(f"\n从 v{i}顶点开始:")
            graph.dfs(i)
    print()
```

2. 广度优先搜索(BFS)算法

BFS算法描述如下。

(1) 检查是否已经访问了全部的顶点,如果已经访问了全部的顶点,进行(3),否则,将一个不曾访问的顶点入列,同时把此顶点标记为已访问,然后进行(2)。

(2) 如果队列是空,进行(1),否则出列,把出列的顶点的邻接顶点入列,但入列的条件是它们还未被访问过,同时把这样的邻接顶点标记为已访问(体现广度优先),再进行(2)。

(3) 算法结束。

例 13-2 广度优先搜索。

本例 ch13_2.py 中的 bfs()函数是广度优先遍历算法,为了代码的简洁,在 bfs()函数中直接用整数 0,1,2,…,n 来表示 n 个顶点,并用邻接矩阵和队列来实现广度优先搜索。ch13_2.py 的 main()函数使用 bfs()函数广度优先遍历如图 13.11 所示的有 8 个顶点(0,1,2,4,5,6,7,8)的无向图,运行效果如图 13.13 所示。

```
广度优先搜索结果：
从v0顶点开始：
v0被访问1次 |v1被访问1次 |v2被访问1次 |v3被访问1次 |v4被访问1次 |v6被访问1次 |
从v5顶点开始：
v5被访问1次 |v7被访问1次 |
```

图 13.13 广度优先搜索

ch13_2.py

```
from collections import deque
class Graph:
    def __init__(self, vertices):
        self.V = vertices
        self.adj = [[0 for _ in range(vertices)] for _ in range(vertices)]
        self.count = [0 for _ in range(vertices)]
    def add_edge(self, u, v):
        self.adj[u][v] = 1
    def bfs(self, start_vertex):
```

```python
            queue = deque()
            queue.append(start_vertex)
            self.count[start_vertex] += 1
            while queue:
                vertex = queue.popleft()
                print(f"v{vertex}被访问{self.count[vertex]}次 |", end = "")
                for j in range(self.V):
                    if self.adj[vertex][j] and self.count[j] == 0:
                        queue.append(j)
                        self.count[j] += 1
if __name__ == "__main__":
    graph = Graph(8)
    edges = [(0, 1), (0, 2), (1, 2), (1, 3), (2, 4), (4, 6), (5, 7),
             (1, 0), (2, 0), (2, 1), (3, 1), (4, 2), (6, 4), (7, 5)
             ]
    for edge in edges:
        graph.add_edge(edge[0], edge[1])
    print("广度优先搜索结果：")
    for i in range(8):
        if graph.count[i] == 0:
            print(f"\n 从 v{i}顶点开始:")
            graph.bfs(i)
    print()
```

13.6 测试连通图

对于图 $G=(V,E)$，如果对于 V 中任意两个不同的顶点 v_i，v_j，都存在至少一条 v_i 到 v_j 的路径以及一条 v_j 到 v_i 的路径，则称该有向图是连通图，有向连通图也称强连通图。使用广度优先遍历算法或深度优先遍历算法从任意顶点开始遍历，遍历结束后，如果图的所有顶点都被访问了一次，那么该图就是连通图或强连通图；如果从某个顶点开始遍历，遍历结束后，图中还有某些顶点未被访问，那么此图就不是连通图。

例 13-3 测试图是否是连通图。

本例 ch13_3.py 使用深度优先搜索测试了图 13.14(a)无向图是连通图，图 13.14(b)不是强连通图，运行效果如图 13.15 所示。

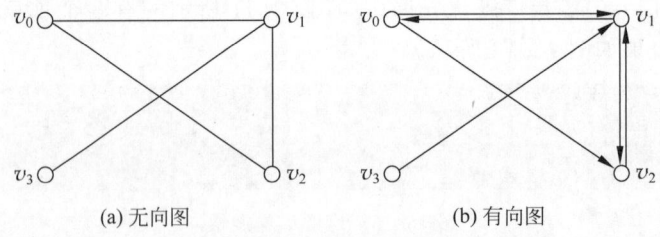

(a) 无向图　　　　　　　(b) 有向图

图 13.14　无向图和有向图

```
测试连通性：
v0被访问1次 |v2被访问1次 |v1被访问1次 |v3被访问1次 |v1被访问1次 |v3被访问1次 |v2被访问1次 |v0被访问1次 |v2被访问1次 |
v1被访问1次 |v3被访问1次 |v0被访问1次 |v3被访问1次 |v1被访问1次 |v2被访问1次 |v0被访问1次 |a图是连通图。
测试连通性：
v0被访问1次 |v1被访问1次 |v2被访问1次 |b图不是强连通图。
```

图 13.15　测试连通性

ch13_3.py

```python
class Graph:
    def __init__(self, vertices):
```

```python
            self.V = vertices
            self.adj = [[0 for _ in range(vertices)] for _ in range(vertices)]
            self.count = [0 for _ in range(vertices)]
        def add_edge(self, u, v):
            self.adj[u][v] = 1
        def dfs(self, start_vertex):
            stack = []
            stack.append(start_vertex)
            self.count[start_vertex] += 1
            while stack:
                vertex = stack.pop()
                print(f"v{vertex}被访问{self.count[vertex]}次 |", end = "")
                for j in range(self.V):
                    if self.adj[vertex][j] and self.count[j] == 0:
                        stack.append(j)
                        self.count[j] += 1
        def is_connection(self):
            connection = True
            for i in range(self.V):
                self.dfs(i)
                if not all(self.count):
                    return False                       #不是连通图
                self.count = [0 for _ in range(self.V)]  #重置访问记录
            return connection
if __name__ == "__main__":
    graph = Graph(4)
    edges = [(0, 1), (0, 2), (1, 2), (1, 3),
             (1, 0), (2, 0), (2, 1), (3, 1)]
    for edge in edges:
        graph.add_edge(edge[0], edge[1])
    print("测试连通性:")
    if graph.is_connection():
        print("a 图是连通图.")
    else:
        print("a 图不是连通图.")
    graph = Graph(4)
    edges = edges = [(0, 1),(1,0),(1, 2),(2,1),(3,1)]
    for edge in edges:
        graph.add_edge(edge[0], edge[1])
    print("\n测试连通性:")
    if graph.is_connection():
        print("b 图是连通图.")
    else:
        print("b 图不是连通图.")
```

13.7 最短路径

最短路径问题是图论中的经典问题,相关的经典算法也有不少,其中非常经典的最短路径算法是 Floyd(弗洛伊德)和 Dijkstra(迪杰斯特拉)给出的最短路径算法。

由于无向图和有向图都可以看成是权重为 0 或 1 的网络(将无边连接的顶点之间的权重设置为无穷大即可),因此只需讨论网络的最短路径。

一个顶点 u 到另一个顶点 v 的所有路径中,如果路径:

$$u \to p_1 \to p_2 \to \cdots \to p_k \to v$$

的权值总和最小,即 $w(u,p_1)+w(p_1,p_2)+\cdots+w(p_i,p_{i+1})+\cdots+w(p_k,v)$ 最小($w(a,b)$ 表示边 (a,b) 上的权值),就称该路径是顶点 u 到顶点 v 的最短路径。以下谈及(最短)路径的长不是指路径的自然长度(见 13.1 和图 13.2),而是路径的权值总和。

Floyd 算法以创始人 Floyd（1978 年图灵奖获得者、斯坦福大学计算机科学系教授）命名。Floyd 算法是求解网络（赋权值的图）中每对顶点间的最短距离的经典算法，而且允许权值是负值。Floyd 算法的时间复杂度是 $O(n^3)$（n 是顶点数目）。Floyd 算法也称为多源、多目标最短路径算法，即算法可以求出图中任意两个顶点之间的最短路径（如果二者之间有路径）。

Dijkstra 算法以创始人 Dijkstra（1972 年图灵奖获得者、荷兰莱顿大学计算机科学系教授）命名。Dijkstra 算法可以求单源、无负权值的最短路径，所谓单源是指算法每次能求出一个点和图中其他各个点的最短路径（如果有路径）。Dijkstra 时间复杂度略好于 Floyd，其时间复杂度为 $O(n^2+m)$（n 是顶点数目，m 是边的数目）。

Floyd 算法相比 Dijkstra 算法，不仅可以允许负权值，其可读性和简练性也远远好于 Dijkstra。在实际应用中，建议使用 Floyd 算法而不是 Dijkstra 算法。Floyd 相比 Dijkstra 的唯一不足仅仅是时间复杂度略高于 Dijkstra。对于初学者而言，Dijkstra 算法比 Floyd 更复杂一些，所以本书不讨论 Dijkstra 算法。如果真是因为效率问题需要使用 Dijkstra 算法，再去学习 Dijkstra 算法。

Floyd 算法从 $n\times n$ 邻接矩阵 $A=[a(i,j)]$，迭代地对邻接矩阵 A 进行 n 次更新，即由初始矩阵 $A_0=A$，按一个公式计算出一个新的邻接矩阵 A_1，再用同样的公式由 A_1 计算出新的邻接矩阵 A_2……，最后再用同样的公式用 A_{n-1} 计算出新的邻接矩阵 A_n。把最终计算得到的邻接矩阵 A_n 称为网络的距离矩阵，那么距离矩阵 A_n 的 i 行 j 列元素的值便是顶点 i（编号为 i 的顶点）到顶点 j 的最短路径的长度。在 Floyd 算法中同时使用一个矩阵 path 来记录两顶点间的最短路径（path(i,j) 的值表示顶点 i 到顶点 j 之间的最短路径上顶点 i 的后继顶点）。

Floyd 算法的关键是采用松弛技术（松弛操作），对在 i 和 j 之间的所有其他点进行一次松弛。

> **注意**：邻接矩阵是行优先，即要看边 (v_i,v_j) 在邻接矩阵中对应的元素时，是先查看矩阵（二维数组）的第 i 行，然后再查看第 j 列。

观察图 13.16(a)，注意到顶点 v_1 到顶点 v_2 的最短路径并不是路径 v_1v_2（路径长是 9），而是 $v_1v_3v_2$（路径长是 8）。算法的关键是改变初始的邻接矩阵，将 v_1v_2 路长改变为 8，同时记住顶点 v_3。

以下结合如图 13.16 所示的有向网络讲解 Floyd 最短路径算法。

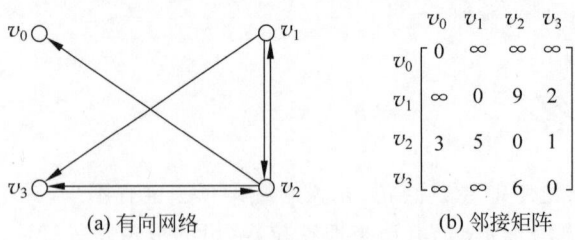

图 13.16　有向网络的权值和邻接矩阵

初始矩阵 A_0 和矩阵 path$_0$ 是：

$$A_0=\begin{bmatrix}0 & \infty & \infty & \infty\\ \infty & 0 & 9 & 2\\ 3 & 5 & 0 & 1\\ \infty & \infty & 6 & 0\end{bmatrix},\quad \text{path}_0=\begin{bmatrix}0 & 0 & 0 & 0\\ 0 & 1 & 2 & 3\\ 0 & 1 & 2 & 3\\ 0 & 0 & 2 & 3\end{bmatrix}$$

假如 $A[i][j]$ 不是无穷大,那么 path$[i][j]$ 的值是 j,否则是 0。path$[i][j]$ 的值表示顶点 i 到顶点 j 之间的最短路径上顶点 i 的后继顶点。

对于任意一个顶点 k,迭代公式如下。

```
for(int i = 0;i < n;i++) {
    for(int j = 0;j < n;j++){
        if(A[i][k] + A[k][j]< A[i][j]) {
            A[i][j] = A[i][k] + A[k][j];
            path[i][j] = path[i][k];      //将顶点 i 的后继顶点更新为更短路径上的顶点 k
        }
    }
}
```

迭代公式的关键是,对于任意一个顶点 k,按照当前的邻接矩阵 A,查找满足 $A[i][k]+A[k][j]<A[i][j]$ 的顶点 i 和顶点 j,然后进行松弛操作:

$$A[i][j]=A[i][k]+A[k][j];$$

取第 0 个顶点开始迭代,最后得到

$$A_4 = \begin{bmatrix} 0 & \infty & \infty & \infty \\ 11 & 0 & 8 & 2 \\ 3 & 5 & 0 & 1 \\ 9 & 11 & 6 & 0 \end{bmatrix}, \quad \text{path}_4 = \begin{bmatrix} 0 & 1 & 2 & 3 \\ 3 & 1 & 3 & 3 \\ 0 & 1 & 2 & 3 \\ 2 & 2 & 2 & 3 \end{bmatrix}$$

那么最后一个邻接矩阵是距离矩阵 A_4,最后的最短路径矩阵是 path$_4$。由此得到如下结论:

```
顶点 0 到顶点 1 无路径.
顶点 0 到顶点 2 无路径.
顶点 0 到顶点 3 无路径.
顶点 1 到顶点 0 的最短路径: 1 -> 3 -> 2 -> 0,路径长 11.
顶点 1 到顶点 2 的最短路径: 1 -> 3 -> 2,路径长 8.
顶点 1 到顶点 3 的最短路径: 1 -> 3,路径长 2.
顶点 2 到顶点 0 的最短路径: 2 -> 0,路径长 3.
顶点 2 到顶点 1 的最短路径: 2 -> 1,路径长 5.
顶点 2 到顶点 3 的最短路径: 2 -> 3,路径长 1.
顶点 3 到顶点 0 的最短路径: 3 -> 2 -> 0,路径长 9.
顶点 3 到顶点 1 的最短路径: 3 -> 2 -> 1,路径长 11.
顶点 3 到顶点 2 的最短路径: 3 -> 2,路径长 6.
```

这里介绍如何从最后得到的最短路径矩阵 path$_4$ 查找最短路径,比如说要查找顶点 1 到 0 的最短路径,首先在矩阵 path$_4$ 中按索引找(1,0),发现 path(1,0)=3,接着按索引(3,0),发现 path(3,0)=2,接着按索引(2,0),发现 path(2,0)=0,所以最短路径为 1→3→2→0。

例 13-4 Floyd 最短路径。

本例 ch13_4.py 中的 Floyd 类的 floyd(self,graph)方法是经典的 Floyd 最短路径算法,main()函数使用 Floyd 类的 floyd()方法输出了图 13.16 网络中各个顶点之间的最短路径,运行效果如图 13.17 所示。

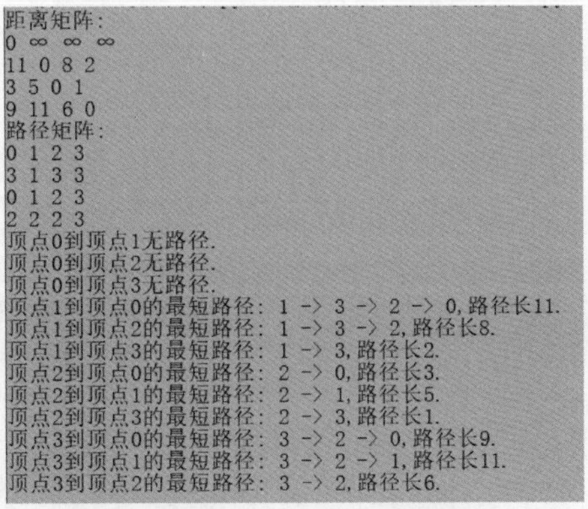

图 13.17　Floyd 最短路径

ch13_4.py

```python
class Floyd:
    def __init__(self):
        self.inf = float('inf')          # 表示无穷大
        self.dis = []                     # 存放图中顶点之间的距离
        self.path = []                    # 保存最短路径上的顶点
    def floyd(self, graph):               # Floyd 最短路径算法
        n = len(graph)
        self.path = [[j for j in range(n)] for _ in range(n)]
        self.dis = [row[:] for row in graph]
        for k in range(n):
            for i in range(n):
                for j in range(n):
                    if self.dis[i][k] < self.inf and self.dis[k][j] < self.inf:
                        if self.dis[i][k] + self.dis[k][j] < self.dis[i][j]:
                            self.dis[i][j] = self.dis[i][k] + self.dis[k][j]
                            self.path[i][j] = self.path[i][k]
    # 顶点编号是 0,1,...,n-1
    def get_shortest_path(self, start_vertex, end_vertex):
        shortest_path = [start_vertex]
        while start_vertex != end_vertex:
            start_vertex = self.path[start_vertex][end_vertex]
            shortest_path.append(start_vertex)
        return shortest_path
def outPut(a):
    for row in a:
        print(" ".join(str(cell) if cell != float('inf') else '∞' for cell in row))
if __name__ == "__main__":
    A = [
        [0, float('inf'), float('inf'), float('inf')],
        [float('inf'), 0, 9, 2],
        [3, 5, 0, 1],
        [float('inf'), float('inf'), 6, 0]
    ]                                     # 有向网络的邻接矩阵
    n = len(A)                            # 顶点数目(顶点序号从 0 开始)
    floyd = Floyd()
    floyd.floyd(A)
    dis = floyd.dis
    path = floyd.path
    print("距离矩阵:")
    outPut(dis)
    print("路径矩阵:")
    outPut(path)
    for i in range(n):
        for j in range(n):
            if dis[i][j] == float('inf'):
                print(f"顶点{i}到顶点{j}无路径.")
            elif i != j:
                shortest_path = floyd.get_shortest_path(i, j)
                print(f"顶点{i}到顶点{j}的最短路径: "
                      f"{' -> '.join(map(str, shortest_path))},"
                      f"路径长{dis[i][j]}.")
```

注意：算法的优秀不仅仅在于出色的运行效率，更在于它独特的设计思路与精妙的实现方案，Floyd 最短路径算法简明扼要、精练完美、非常巧妙，让人不由得为之惊叹。

13.8 最小生成树

对于一个连通的网络 $G=(V,E)$（有向或无向），如果一个连通子图 $M=(U,F)$，$U=V$，F 是 E 的子集，没有回路，即是一棵树，称这样的连通子图是连通网络 $G=(V,E)$ 的生成树。简单地说，生成树是包含连通网络的所有顶点，但可能只包含连通网络中的部分边。

一个网络可能有很多生成树，但人们关心的往往是最小生成树。最小生成树是生成树中边的权值总和最小的某个生成树（可能有多个生成树的权值总和相同，同时也是最小之一）。如果网络中的权值互不相同，那么最小生成树一定是唯一的。

城市管道、电缆铺设等方面就要考虑最小生成树，使得能保证服务所有的客户（连通网络中的顶点），同时又尽可能地节省材料（边的权值总和最小）。如果连通网络有 n 个顶点，那么它最小生成树有 $n-1$ 条边。

图 13.18(a)中所示的网络的两个生成树如图 13.18(b)和图 13.18(c)所示，其中图 13.18(c)是最小生成树。

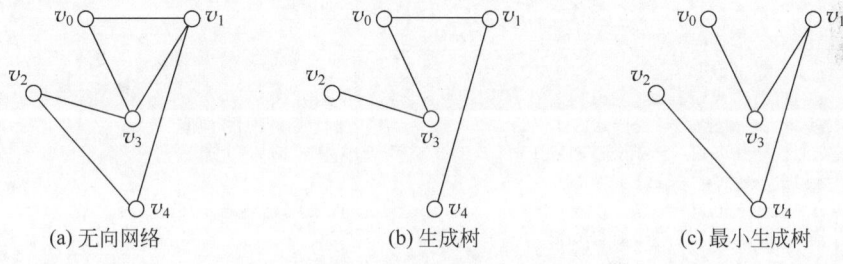

(a) 无向网络　　　　　　(b) 生成树　　　　　　(c) 最小生成树

图 13.18　网络及其生成树

关于最小生成树（minimum spanning tree，MST）的算法有不少，但比较流行和著名的是 Prim 给出的 MST 算法（1957 年由美国计算机科学家普里姆独立发现），称作 Prim 算法。该算法可以从网络的任何一个顶点开始得到最小生成树。算法描述如下。

首先进行如下的初始化。

- 有序集 mtsSet：包含连通网络中的一个顶点，例如顶点序号为 0 的顶点 v。并标记 v 已被访问。
- 有序集 tree：让其包含和 v 连接的所有边，并将 tree 中的边按边的权值从小到大排序。
- 有序集 mtsEdge：一个用于存放生成树边的集合，初始化 mtsEdge 没有包含任何边。

然后进行(1)。

(1) 如果顶点集合 mtsSet 中的顶点数目大小或等于连通网络的顶点数目或 tree 是空集合（不含任何边），进行(3)，否则进行(2)。

(2) 把 tree 中的最小边 (x,y)，即权值最小的边，添加到边集合 mtsEdge，把边 (x,y) 中的顶点 y 添加到顶点集合 mtsSet，并将 y 标记为被访问过的顶点。然后从 tree 中删除边 (x,y)，再将顶点 y 的所有未被访问的邻接点和 y 连接的边添加到 tree，即将 (y,p) 或 (p,y) 添加到 tree，其中 p 是还未被访问的连通网络中的某个顶点，并将 tree 中的边按边的权值从小到大排序。接着进行(1)。

(3) 结束。

例 13-5　使用 Prim 算法求最小生成树。

本例 ch13_5.py 中的 GraphMTS 类的 mit_prim(self,graph)方法是经典的 Prim 算法。

main()函数使用 GraphMTS 类的 mitPrim()函数输出了如图 13.18(a)所示的网络中最小生成树(最小生成树的示意图如图 13.18(c)所示),运行效果如图 13.19 所示。

```
最小生成树中的顶点:
SortedSet([0, 1, 2, 3, 4])
最小生成树中的边:
(4,2) 权重: 1 | (1,4) 权重: 3 | (0,3) 权重: 6 | (3,1) 权重: 8 |
```

图 13.19 Prim 最小生成树算法

ch13_5.py

```python
from sortedcontainers import SortedSet
class Edge:
    def __init__(self, x, y):
        self.x = x
        self.y = y
        self.weight = 0                         # 边的权重
    def set_weight(self, weight):
        self.weight = weight
    def __lt__(self, other):
        return self.weight < other.weight
    def to_string(self):
        return f"({self.x},{self.y}) 权重: {self.weight}"
class GraphMTS:
    def __init__(self):
        self.inf = float('inf')                 # 表示无穷大
        self.mts_set = SortedSet()              # 最小生成树中的顶点
        self.mts_edge = SortedSet()             # 最小生成树中的边
        self.tree = SortedSet()
        self.visited = []                       # 记录顶点是否被访问过
    def init_tree(self, k, graph):
        n = len(graph)
        for j in range(n):
            if graph[k][j] != 0 and graph[k][j] != self.inf:
                if not self.visited[j]:         # 顶点 j 未被访问
                    edge = Edge(k, j)
                    edge.set_weight(graph[k][j])
                    self.tree.add(edge)         # 添加顶点 k 的所有未被访问的边
    def mit_prim(self, graph):
        n = len(graph)                          # 顶点数目
        self.visited = [False] * n
        self.mts_set.add(0)                     # 生成树的初始点是第 0 个顶点
        self.visited[0] = True                  # 顶点 0 被访问
        self.init_tree(0, graph)                # 初始化 tree
        while len(self.mts_set) < n and self.tree:
            edge = self.tree.pop(0)             # 弹出最小的边
            v = edge.y
            self.mts_set.add(v)
            self.visited[v] = True              # 顶点 v 被访问
            self.mts_edge.add(edge)
            self.init_tree(v, graph)
if __name__ == "__main__":
    A = [
        [0, 12, float('inf'), 6, float('inf')],
        [12, 0, float('inf'), 8, 3],
        [float('inf'), float('inf'), 0, 11, 1],
        [6, 8, 11, 0, float('inf')],
        [float('inf'), 3, 1, float('inf'), 0]
    ]                                           # 邻接矩阵
```

```
graph_mts = GraphMTS()
graph_mts.mit_prim(A)
print("最小生成树中的顶点:")
print(graph_mts.mts_set)
print("最小生成树中的边:")
for edge in graph_mts.mts_edge:
    print(edge.to_string(), end = " | ")
```

习题 13

扫一扫　　　　扫一扫

习题　　　　自测题

第 14 章　经典算法思想

本章主要内容
- 贪心算法；
- 动态规划；
- 回溯算法。

经典算法思想是经过长时间的实践积累总结出来的。通过运用经典算法思想来分析问题，采用抽象的数学模型来描述问题，然后再使用算法进行求解，能够提高算法的效率和解决问题的质量。很多重要且具有特色的算法都是在经典算法思想的基础上发展起来的，例如深度学习中的神经网络就是基于动态规划和优化的思想而发展起来的。总之，经典算法思想的重要性不仅在于它们被广泛应用于解决实际问题，更在于这些思想具有一定的普适性和通用性，是学习算法设计者必须了解和掌握的。

本章讲解贪心算法、动态规划和回溯算法这 3 种经典的算法思想，这些算法思想和普通的具体算法（例如起泡排序、二分法、遍历二叉树等算法）不同，不会给出具体的代码流程，仅是提供一种算法的设计思想或解决问题的算法思路，这些思想应用于不同的具体问题中，所呈现的具体代码可能有很大的差异。

14.1　贪心算法

1. 贪心算法简介

贪心算法（也称贪婪算法）是指在对问题求解时总是做出在当前看来最好的选择。即不从整体最优上加以考虑，算法得到的是在某种意义上的局部最优解。

贪心算法并不是对所有问题都能得到整体最优解，关键在于贪心策略的选择。也就是说，不从整体最优上加以考虑，做出的只是在某种意义上的局部最优解。贪心算法的特点是一步一步地进行，以当前情况为基础，不考虑整体情况，根据某个策略给出最优选择，即通过每一步贪心选择可得到局部最优解。贪心算法每一步是局部最优解，因此，如果使用贪心算法，必须要判断是否得到了最优解。

例如蒙眼爬山，蒙眼爬山者选择的策略是每次在周围选择一个最陡峭的方向爬行一小步（局部最优选择），但是蒙眼爬山者最后爬上去的山可能不是最高的（因为周围是多峰山），假设蒙眼爬山者携带了一个自动通报海拔高度的小仪器，每次都报告海拔高度，当发现周围没有陡峭的方向可走了，报告海拔高度恰好是想要的高度，那么就找到了最优解，否则就知道自己陷入了局部最优解，无法继续前进。

贪心算法仅仅是一种思想，不像大家熟悉的选择法、二分法等有明确的算法步骤。

2. 老鼠走迷宫

这里将贪心算法用于老鼠走迷宫，让列表的元素值代表迷宫的点。元素值取整数最大值代表出口，元素值取整数的最小值代表墙，元素值在最大值和最小值之间代表路点（初值是 0）。

第 14 章 经典算法思想

贪心策略如下(这里称二维数组元素为路点,其值为路值)。

(1) 如果当前路点不是出口(最大值),即不是最优解,就降低优先度,将当前路值减 1,进行(2),如果当前路点是出口(最大值)进行(4)。

(2) 在当前路点的东、西、南、北方向选出路值比当前路值大的最大新路点,如果找到,进行(3),否则回到(1)。

(3) 老鼠到达选出的新路点,进行(1)。

(4) 结束。

如果路点的路值不会被减到等于墙的值,一定能到达出口,否则某个路点或墙会被当成出口(整数的最小值减去 1 等于整数的最大值、使得老鼠陷入局部最优解)。

例 14-1 贪心算法与老鼠走迷宫。

本例 ch14_1.py 中的 walk_maze()函数使用了贪心算法,main()函数使用 walkMaze()演示了老鼠走迷宫、老鼠找到了出口,运行效果如图 14.1 所示。注意显示效果的提示:如果路值是−1 表示老鼠走过此路点一次、−2 表示老鼠走过此路点两次……以此类推。

```
 0 ■  0  0
 0  0  0  0
 0 ■  0  0
 0  0 ■  ★
老鼠走过的位置:
(0,0) (1,0) (1,1) (2,1) (3,1) (3,2) (3,2) (3,1) (3,0) (3,0) (3,0) (3,1) (2,1) (1,1)
(1,2) (0,2) (0,3) (1,3) (2,3) (2,4) (3,4)
找到最优解:9223372036854775807
老鼠最后的位置(3,4)
老鼠走迷宫情况,-1表示老鼠走过此路点一次、-2表示老鼠走过此路点两次...:
-1 ■ -1  0
-1 -2 -1 -1
■ -2 -1 -1
-3 -3 -2 ★
```

图 14.1 贪心算法与老鼠走迷宫

ch14_1.py

```python
import sys
MAX = 100
Y = sys.maxsize                                  # 最优解
N = - sys.maxsize - 1                            # 无解(墙)
maze = [[0] * MAX for _ in range(MAX)]           # 默认都是路点,0 值代表路点
def show_maze(rows, columns):
    for i in range(rows):
        for j in range(columns):
            if maze[i][j] == N:
                print("%-2c"%'■', end = "")      # ■代表墙
            elif maze[i][j] == Y:
                print("%-2c"%'★', end = "")     # ★代表最优解
            else:
                print("%-3d"%maze[i][j], end = "") #maze[i][j]代表路点
        print()
def walk_maze(yes, no, rows, columns):
    Y = yes                                      # 最优解
    N = no                                       # 无解(墙)
    mouse_pi = 0                                 # 老鼠初始位置
    mouse_pj = 0                                 # 老鼠初始位置
    print("老鼠走过的位置:")
    while maze[mouse_pi][mouse_pj] != Y:
        print(f"({mouse_pi},{mouse_pj}) ", end = '')
        maze[mouse_pi][mouse_pj] = maze[mouse_pi][mouse_pj] - 1
        m, n = mouse_pi, mouse_pj
        max_val = maze[mouse_pi][mouse_pj]
```

```python
        #贪心算法:当前位置周围的最大的整数之一是局部最优解之一,即老鼠选择的下一个位置:
        if mouse_pi < rows - 1 and maze[mouse_pi + 1][mouse_pj] > max_val:
            max_val = maze[mouse_pi + 1][mouse_pj]   #检查南边是否是局部最优
            m, n = mouse_pi + 1, mouse_pj
        if mouse_pi >= 1 and maze[mouse_pi - 1][mouse_pj] > max_val:
            max_val = maze[mouse_pi - 1][mouse_pj]
            m, n = mouse_pi - 1, mouse_pj
        if mouse_pj < columns - 1 and maze[mouse_pi][mouse_pj + 1] > max_val:
            max_val = maze[mouse_pi][mouse_pj + 1]
            m, n = mouse_pi, mouse_pj + 1
        if mouse_pj >= 1 and maze[mouse_pi][mouse_pj - 1] > max_val:
            max_val = maze[mouse_pi][mouse_pj - 1]
            m, n = mouse_pi, mouse_pj - 1
        mouse_pi, mouse_pj = m, n
    print(f"({mouse_pi},{mouse_pj})")
    print(f"找到最优解:{maze[mouse_pi][mouse_pj]}")
    print(f"老鼠最后的位置({mouse_pi},{mouse_pj})")
    print("老鼠走迷宫情况,-1 表示老鼠走过此路点一次,-2 表示老鼠走过此路点两次...:")
if __name__ == "__main__":
    a = [
        [0, N, 0, 0, 0],
        [0, 0, 0, 0, N],
        [N, 0, N, 0, 0],
        [0, 0, 0, N, Y]
    ]   #迷宫列表
    rows = 4
    columns = 5
    for i in range(rows):
        for j in range(columns):
            maze[i][j] = a[i][j]
    show_maze(rows, columns)
    walk_maze(Y, N, rows, columns)
    show_maze(rows, columns)
```

14.2 动态规划

1. 动态规划简介

动态规划(Dynamic Programming)的思想是将一个问题分解为若干子问题,通过不断地解决子问题最终解决最初的问题。动态规划会使用递归算法,其递归公式在动态规划中被称为动态规划的动态方程,也称 DP 方程。3.7 节使用了动态规划的思想,只是没有正式提及动态规划。动态规划问题的难度在于针对实际问题得到动态方程,算法的实现的思想基本都是一样的。

动态规划需要考虑子问题重叠的情况,即对每个子问题只求解一次。Python 有缓存机制,让程序运行时缓存函数的返回值以便在后续调用中避免重复计算函数的返回值(见 12.8 节),当在遇到同样的子问题时,直接使用保存过的子问题的解,从而避免了反复求解相同的子问题。

2. 0-1 背包问题

0-1 背包是背包问题中最简单的问题,动态规划的思想很适合用于解决 0-1 背包问题。0-1 背包问题如下。

有 n 件物品(标号索引为 $0 \sim n-1$),n 件物品的重量依次为非负的 w_0、w_1、$\cdots$、w_{n-1},n 件物品的价值依次为非负的 v_0、v_1、$\cdots$、v_{n-1}(注意标号索引从 0 开始)。背包能承受的最大重量是 weight,即背包的载量是 weight。取若干件物品放入背包里,限定每件物品只能选 0 或 1

件、背包中物品的总重量不超过 weight，让物品的总价值最大。

0—1 背包问题中每种物品有且只有一个，并且使用重量属性作为约束条件。用数学公式抽象描述就是求

$$v_0 x_0 + v_1 x_1 + \cdots + v_{n-1} x_{n-1} (x_i \in \{0,1\})$$

的最大值，重量约束条件是

$$w_0 x_0 + w_1 x_1 + \cdots + w_{n-1} x_{n-1} \leqslant \text{wight}(x_i \in \{0,1\})$$

0—1 背包问题中的价值和重量仅仅是问题的一种描述形式，对于某些实际问题，重量可能是体积等其他单位，例如用集装箱装载货物的 0—1 背包问题可能用体积代替重量。

对于 0—1 背包的问题，得到其 DP 方程的思路是，用 DP(i, weight)表示在前 i 个物品（物品的编号从 0 开始）中选取若干物品放入载量为 weight 的背包中所得到的最大价值。那么 DP 方程如下：

（1）前 i 件物品中，当第 i 件物品的重量超过 weight，即 w_i>weight 时，

$$DP(i, W) = DP(i-1, \text{weight})$$

也就是第 i 件物品不能放入背包中，所以最大价值就是前 $i-1$ 个物品中放入载量为 weight 的背包中所得到的最大价值。

（2）当第 i 件物品可以放入背包中，即 $w_i \leqslant$ weight 时，有两种情况：①第 i 件物品不放入背包中（放入将超重），此时最大价值就是前 $i-1$ 个物品中放入载量为 weight 的背包中所得到的最大价值，即 DP(i, weight)=DP($i-1$, weight)。②第 i 件物品放入背包中（放入不超重），此时最大价值是前 $i-1$ 个物品中放入载量为 weight$-w_i$ 的背包中所得到的最大价值与第 i 件物品的价值之和，即 DP(i, weight)=DP($i-1$, weight$-w_i$)+v_i。DP(i, weight)的值应该是这两种情况中价值最大的那一个，即

$$DP(i, \text{weight}) = \max\{DP(i-1, \text{weight}), \quad DP(i-1, \text{weight} - w_i) + v_i\}$$

例 14-2 用动态规划求解 0—1 背包问题。

本例 ch14_2.py 中的 DP()函数是背包算法，DP 函数使用 lru_cache 缓存技术进行了优化。当 DP 函数被调用时其返回值将被缓存，以便在后续调用中避免重复计算、提高了动态规划的性能。本例 main()函数中使用 DP()函数解决了下列两个背包问题，程序运行效果如图 14.2 所示。

图 14.2　求解 0—1 背包问题

（1）背包最多可以载量 8kg 的物品，现在有重量依次为 2、4、5、1（单位是 kg）的 4 件物品，对应的价值依次为 7、6、8、2（单位是元）。怎样让背包中放置的物品价值最大？

（2）学生选课时限制总学时为 100 个学时，现有 5 门选修课，这 5 门选修课的学时依次为 20、20、60、40、50。对于 5 门选修课中的每门课程，学生修完该课程对应的全部学时才能得到这门课程的学分（要么不选，选了就必须完成课程规定的学时），这 5 门课程对应的学分依次为 6、3、5、4、6。怎样选课可以让学分最多？

ch14_2.py

```
from functools import lru_cache
@lru_cache(maxsize = None)
def DP(i, weight, w, v):
    if i == -1 or weight == 0:      #背包无物品或载量是 0
        return 0
    if w[i] > weight:
        return DP(i-1, weight, w, v)
```

```
        else:
            return max(DP(i - 1, weight, w, v), DP(i - 1, weight - w[i], w, v) + v[i])
if __name__ == "__main__":
    w1 = (2, 4, 5, 1)                     # 不可以使用列表,函数缓存要求函数的参数是不可变类型
    v1 = (7, 6, 8, 2)
    weight = 8                            # 背包载量
    index = len(w1) - 1                   # 注意标号从 0 开始
    r = DP(index, weight, w1, v1)
    print("背包最大价值:", r)
    w2 = (20, 20, 60, 40, 50)
    v2 = (6, 3, 5, 4, 6)
    weight = 100                          # 背包载量
    index = len(w2) - 1                   # 注意标号从 0 开始
    r = DP(index, weight, w2, v2)
    print("最多学分是", r, "学分")
```

14.3 回溯算法

1. 回溯算法简介

回溯算法又称为试探算法,它是一种算法思想,其核心思想是不断地按某种条件求"中间解"来寻找"目标解",但当进行到某一步时,也称为到达一个"搜索点"时,发现已经无法按既定条件继续求"中间解"时,即无法在此搜索点到达下一个搜索点,就要进行回退操作,这种算法无法进行下去就回退的思想为回溯算法,而满足回溯条件的某个搜索点称为"回溯点"。

2. 八皇后问题

国际象棋棋盘是一个 8×8 的方格棋盘、由 64 个黑白交替的方格组成。国际象棋的棋子有兵、马、象、车、皇后、国王,其中皇后(Queen)是最强大的棋子,她可以在水平、垂直和对角线上不限距离地移动。八皇后问题起源于国际象棋中的皇后棋子、由国际象棋棋手马克斯·贝瑟尔于 1848 年提出的问题:要在 8×8 的国际象棋棋盘上放置 8 个皇后,使得她们互相之间无法攻击到对方(如图 14.3 所示),即任意两个皇后都不能在同一行、同一列或同一对角线上。数学家高斯认为八皇后问题有 76 个解,后来数学家用图论的方法给出了 92 个解。计算机出现以后,八皇后问题成为递归算法、回溯搜索算法的经典示例。

例 14-3 用回溯法求解八皇后问题。

本例 ch14_3.py 使用回溯算法来求解八皇后问题,其算法的关键是每次放置后检查是否安全(是否和其他皇后在一条线上),当不安全时就回溯到上一个位置。当找到一个满足条件的解时输出棋盘上满足条件的 8 个皇后的位置(数字 1 代表一个皇后的位置),运行效果如图 14.4 所示。

图 14.3 八皇后问题

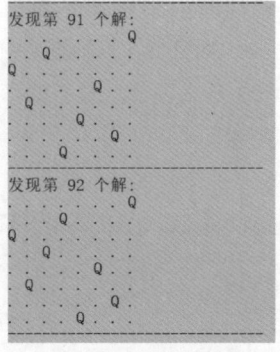

图 14.4 用回溯法求解八皇后问题

ch14_3.py

```python
MAX = 8
board = [-1] * MAX                      # 使用-1表示空格
count = 0
def isSafe(row, col, board):
    for i in range(row):
        if board[i] == col or abs(i - row) == abs(board[i] - col):
            return False
    return True
def backtrack(row, board):
    global count
    if row == MAX:
        count += 1
        printSolution(board)             # 找到一个解
        return
    for col in range(MAX):
        if isSafe(row, col, board):
            board[row] = col             # 当前位置安全,放置皇后
            backtrack(row + 1, board)    # 继续放置下一行的皇后
def printSolution(board):
    print("发现第", count, "个解:")
    for i in range(MAX):
        for j in range(MAX):
            if board[i] == j:
                print("Q ", end="")
            else:
                print(". ", end="")
        print()
    print(" -------------------------------- ")
if __name__ == "__main__":
    backtrack(0, board)                  # 从第0行开始放置皇后
```

习题 14

扫一扫

习题

扫一扫

自测题

附录A 重载关系方法和字符串

A.1 重载关系方法

类可以通过重载大小关系方法实现其对象之间的大小比较。例如,想通过比较矩形的面积来确定它们的大小关系,就可以重载小于、大于和等于方法。下面例A.1中的Rect类演示了如何在类中重载小于、大于和等于方法。

例 A.1 比较矩形的大小。

本例rect.py中的Rect类重载了大小关系方法,运行效果如图A.1所示。

```
rect1的宽和高:7,5,面积:35
rect2的宽和高:3,4,面积:12
rect3的宽和高:2,6,面积:12
按面积比较矩形的大小:
rect1小于rect2吗?    False
rect1大于rect2吗?    True
rect2大于rect3吗?    False
rect2等于rect3吗?    True
```

图 A.1 重载大于、小于和等于方法

rect.py

```python
class Rect:
    def __init__(self, width, height):
        self.width = width
        self.height = height
    def get_area(self):
        return self.width * self.height
    def __lt__(self, other):
        return self.get_area() < other.get_area()
    def __gt__(self, other):
        return self.get_area() > other.get_area()
    def __eq__(self, other):
        return self.get_area() == other.get_area()
# 创建Rect类的实例
rect1 = Rect(7, 5)
rect2 = Rect(3, 4)
rect3 = Rect(2, 6)
print(f"rect1 的宽和高:{rect1.width},{rect1.height},面积:{rect1.get_area()}")
print(f"rect2 的宽和高:{rect2.width},{rect2.height},面积:{rect2.get_area()}")
print(f"rect3 的宽和高:{rect3.width},{rect3.height},面积:{rect3.get_area()}")
# 比较矩形的大小
print("按面积比较矩形的大小:")
print("rect1 小于 rect2 吗?", rect1 < rect2)
print("rect1 大于 rect2 吗?", rect1 > rect2)
print("rect2 大于 rect3 吗?", rect2 > rect3)
print("rect2 等于 rect3 吗?", rect2 == rect3)
```

A.2　字符串

在 Python 中，字符串是不可变的序列，可以使用内置的 str 类来处理字符串数据。

例 A.2　字符串的常用方法。

在本例 str.py 中使用 Python 内置的字符串创建字符串对象、拼接字符串、获取子串、查找子串、字符串与基本数据类型的相互转化、替换字符、判断字符相等以及分解字符串中的单词等操作，运行效果如图 A.2 所示。

```
10
abcde
5
Boys like apple flavored ice cream, girls like milk flavored ice cream
首次出现cream的位置(索引位置从0开始): 29
ice 出现的次数: 2
替换后的字符串: Boys love apple flavored ice cream, girls love milk flavored ice cream
替换后的字符串: Boys love apple flavored ice cream  girls love milk flavored ice cream
单词:
Boys | love | apple | flavored | ice | cream | girls | love | milk | flavored | ice | cream |
E:\算法基础实用教程python版\源代码\附录A\例子2>
```

图 A.2　字符串中的常用方法

str.py

```python
# 创建字符串对象
str1 = "HelloWorld"
str2 = str("ABVDEFabcdef")
str3 = str1 + str2                          # 使用+操作符进行字符串拼接
print(len(str1))                            # 获取字符串的长度:10
print(str2[6:11])                           # 获取子串:abcde
print(str1.find("World"))                   # 查找子串的位置:5
num = 3.1415926
str_num = str(num)                          # 将数字型数据转换为字符串
num = int("985")                            # 将数字构成的字符串转换为 int
float_value = float("3.14")                 # 将数字构成的字符串转换为 float
str1 = "Hello, World!"
str1 = str1.replace("World", "Universe")    # 替换字符
str1 = "Hello"
str2 = "Hello"
is_equal = str1 == str2                     # 判断两个字符串是否相等
str = "Boys like apple flavored ice cream, girls like milk flavored ice cream"
print(str)
pos = str.find("cream")
print("首次出现 cream 的位置(索引位置从 0 开始):", pos)
# 输出 str 中一共出现了几个 ice
pos = 0
count = 0
while pos != -1:
    pos = str.find("ice", pos)
    if pos != -1:
        count += 1
        pos += 3                            # 移动到上一个匹配的位置之后
print("ice 出现的次数:", count)
str = str.replace("like", "love")           # 把 str 中的 like 替换成 love
print("替换后的字符串:", str)
str = str.replace(",", " ")                 # 查找逗号并替换为空格
print("替换后的字符串:", str)
word_list = str.split()                     # 分解字符串中的单词
print("单词:")
for word in word_list:
    print(word, end=" | ")
```

A.3　常用的循环

Python 语言常用的循环有 for 循环、while 循环和列表推导式。例 A.3 给出了常用循环的使用方法，便于读者快速查阅，运行效果如图 A.3 所示。

```
使用for循环遍历列表:apple banana cherry
使用for循环遍历字典: name: 张三 age: 22
使用for循环遍历范围:01234
使用下画线作为占位符进行循环:加油!加油!加油!
使用while循环输出1~5:12345
使用列表推导式生成一个由1～5的平方组成的列表:[1, 4, 9, 16, 25]
使用for...enumerate循环遍历列表并输出索引和值:
0: apple 1: banana 2: cherry
```

图 A.3　常用循环

例 A.3　常用的循环。

loop.py

```python
print("使用 for 循环遍历列表:",end = "")
fruits = ["apple", "banana", "cherry"]
for fruit in fruits:
    print(fruit,end = " ")
print()
print("使用 for 循环遍历字典:",end = " ")
person = {'name': '张三', 'age': 22}
for key, value in person.items():
    print(f"{key}: {value}",end = " ")
print()
print("使用 for 循环遍历范围:",end = "")
for i in range(5):
    print(i,end = "")
print()
print("使用下画线作为占位符进行循环:",end = "")
for _ in range(3):
    print("加油!",end = "")
print()
print("使用 while 循环输出 1～5:",end = "")
i = 1
while i <= 5:
    print(i,end = "")
    i += 1
print()
print("使用列表推导式生成一个由 1～5 的平方组成的列表:",end = "")
squares = [x ** 2 for x in range(1, 6)]
print(squares)
print(" 使用 for...enumerate 循环遍历列表并输出索引和值:")
for index, fruit in enumerate(fruits):
    print(f"{index}: {fruit}",end = " ")
```

参 考 文 献

[1] Ccormen T H,Leiserson C E.算法导论[M]潘金贵,顾铁成,李成法,等译.北京：机械工业出版社,2006.
[2] 易建勋.Python 应用程序设计[M].北京：清华大学出版社,2021.
[3] 李春葆,蒋林,李筱驰.数据结构教程(Python 语言描述)[M].北京：清华大学出版社,2020.

图书资源支持

感谢您一直以来对清华版图书的支持和爱护。为了配合本书的使用,本书提供配套的资源,有需求的读者请扫描下方的"书圈"微信公众号二维码,在图书专区下载,也可以拨打电话或发送电子邮件咨询。

如果您在使用本书的过程中遇到了什么问题,或者有相关图书出版计划,也请您发邮件告诉我们,以便我们更好地为您服务。

我们的联系方式:

清华大学出版社计算机与信息分社网站:https://www.shuimushuhui.com/

地　　址:北京市海淀区双清路学研大厦 A 座 714

邮　　编:100084

电　　话:010-83470236　010-83470237

客服邮箱:2301891038@qq.com

QQ:2301891038(请写明您的单位和姓名)

资源下载:关注公众号"书圈"下载配套资源。

资源下载、样书申请

书圈

图书案例

清华计算机学堂

观看课程直播